Die Entwicklungsgrundzüge der industriellen spanabhebenden Metallbearbeitungstechnik im 18. und 19. Jahrhundert

Von

Dr.-Ing. Bertold Buxbaum

Springer-Verlag Berlin Heidelberg GmbH

1920

ISBN 978-3-662-24164-6 ISBN 978-3-662-26276-4 (eBook)
DOI 10.1007/978-3-662-26276-4

Vorwort.

Eine technisch-geschichtliche Arbeit erfordert eine Rechtfertigung hinsichtlich ihres praktischen Nutzens. Fraglos ist jede Betrachtung technischer Hilfsmittel vergangener Zeiten, vom Urmenschen bis zum mittelalterlichen Handwerker, von starkem Interesse für den Techniker und den Kulturhistoriker, aber darum handelt es sich hier nicht. Es wird lediglich die Entwicklung industrieller Hilfsmittel der beiden letzten Jahrhunderte behandelt.

Eine die wirtschaftlichen Zusammenhänge berücksichtigende und die Entwicklungslinien verfolgende geschichtliche Darstellung der Metallbearbeitung vermittelt dem Fachmann die Erkenntnis logischer Zusammenhänge. Sie zeigt die Gründe, aus denen heraus die Konstruktionen geschaffen und verbessert wurden, und aus früheren Richtungen läßt sich auf zukünftige schließen. Angesichts der Vielgestaltigkeit des Stoffgebietes ergeben sich leicht Verwirrungen, insbesondere im Unterrichtswesen. Hier kann die geschichtliche Entwicklung ordnend wirken. Sie schützt ferner vor vielfach verbreiteten falschen Vorstellungen von dem Alter der Bearbeitungsarten und Konstruktionen, beispielsweise vor einer Überschätzung der Verdienste der amerikanischen Technik, von der Viele glauben, daß von ihr allein alles Gute im Werkzeugmaschinenbau herrühre. Endlich muß eine vertiefte historische Kenntnis der Werkstattstechnik zu einer richtigeren Einschätzung neu auftauchender Ideen, zur Vermeidung von Doppelarbeit und zu einer Entlastung der patentamtlichen Vorprüfarbeit führen.

Die systematische historische Erforschung der Technik ist zum guten Teil deutschen Ursprungs. Mit großer Liebe hat Fischer sich geschichtlichen Forschungen der Werkzeugmaschinen gewidmet; er gibt aber kein Gesamtbild und vertieft sich aus Freude am Mechanismus etwas sehr ins Einzelne, auch wenn dieses für die Weiterentwicklung unwesentlich ist. Seine Darstellung läßt die Aufdeckung wirtschaftlicher Zusammenhänge, sein Quellenmaterial die Veröffentlichungen und internen Erfahrungen der Fabriken vermissen. — Bei den zusammenfassenden größeren geschichtlichen Arbeiten von Conrad Matschoss, Ludwig Beck und Theodor Beck konnte die Metallbearbeitung nur nebenbei berührt werden. M. F. Feldhaus bringt gelegentlich Einzelheiten aus alter Zeit. Im ganzen kommt die Metallbearbeitung in der geschichtlichen Forschung schlecht weg. Sie setzt sich eben aus zu vielen Kleinigkeiten zusammen.

In England bringen die großen technischen Zeitschriften seit den 90er Jahren, im Zusammenhang mit der Auflösung einiger der ältesten dortigen Maschinenfabriken, der geschichtlichen Entwicklung des Werkzeugmaschinenbaus viel Interesse entgegen (vor allem Horner); ausgezeichnet vertreten ist der alte Werkzeugmaschinenbau in dem 1867 gegründeten Victoria and Albert-Museum in South Kensington. In Amerika bearbeitet besonders Roe das Gebiet; es handelt sich aber dabei nur um Lebensbeschreibungen einzelner Erfinder oder um Einzelausschnitte.

Es wird verständlich erscheinen, daß eine geschichtliche Darstellung der Werkzeugmaschinen und Werkzeuge Lücken aufweisen kann, da das Material sehr verstreut ist und viele Fabrikationsmethoden nicht veröffentlicht wurden. Es kam den Fabrikanten in der Hauptsache auf das Fertigprodukt an, und es widersprach ihrem Interesse, ihre Herstellungsverfahren zu veröffentlichen, zumal das Patentwesen für diese nur unvollkommenen Schutz bot. Manche Jahreszahlen werden von den einzelnen Quellen verschieden angegeben; die Abweichungen erklären sich aus der zeitlichen Verschiebung von Erfindung, Patentanmeldung, Erteilung, Veröffentlichung, industrieller Verwertung usw.

Um die vorhandenen Lücken auszufüllen, bedarf es der Mitarbeit weiter Kreise, besonders derjenigen Personen, die die letzten Jahrzehnte der vorigen Jahrhunderte noch tätig miterlebt haben. Bedauerlich ist, daß viele Firmen ihre eigene Geschichte nicht kennen.

Die Herausgabe einer die einzelnen Maschinen und Werkzeuge ausführlich behandelnden umfassenden geschichtlichen Darstellung (deren Material als Grundlage der vorliegenden Arbeit diente und fertig vorliegt) soll einer dafür geeigneteren Zeit vorbehalten bleiben. Sie wird dem Verständnis eines größeren Leserkreises angepaßt sein und auch mit reichlichem Bildmaterial ausgestattet werden, das für die vorliegende, nur die Grundzüge behandelnde Darstellung entbehrlich schien.

Zu bemerken bleibt, daß die Entwicklung der letzten beiden Jahrzehnte nicht in den Rahmen der vorliegenden Arbeit hineingezogen wurde; dadurch konnte die mit der letzten Jahrhundertwende einsetzende beste Zeit des deutschen Werkzeugmaschinenbaues leider nicht behandelt werden. Sie lebt aber im Gedächtnis der Zeitgenossen und läßt sich auch rückblickend an Hand der in diesem Zeitraum entstandenen umfangreichen Buch- und Zeitschriftenliteratur unschwer verfolgen.

Buxbaum.

Berlin-Charlottenburg, März 1920.

Inhalt.

I. Grundbegriffe.

Altertum und Mittelalter kennen eine weitgehende Verwertung der von der Natur fertig dargebotenen Baustoffe: des Holzes und des Steins. Eine hochentwickelte Bearbeitungstechnik verlangten diese beiden Materialien nicht, sie gestatten eine Bearbeitung mit dem Handwerkszeug, und zwar meist eine abspaltende, welche viel rascher zum Ziel führt als die zerspanende. Die Metalle dagegen, die den Erzen erst mühselig abgerungen werden müssen, sind meist viel härter als Holz und viel schwerer spaltbar als Stein, bei ihnen muß gewöhnlich das überschüssige Material zerspant werden, ein brockenweises Abspalten ist nur selten möglich. Deshalb vermeidet das Mittelalter die Verwendung von bearbeiteten Metallen soweit wie angängig. Dort, wo sie nicht zu vermeiden war (vor allem im Waffenbau) suchte man mit einem Mindestaufwand an Verspanungsarbeit auszukommen, die rein handwerksmäßig, im großen roh, im kleinen — bei reichlichem Zeitaufwand — oft sehr geschickt erledigt wurde.

Als die gesteigerte Betriebsamkeit der Menschen und die kapitalistische Entwicklung des Wirtschaftslebens die Möglichkeiten für den Bau primärer Maschinen, (d. h. unmittelbar zur Befriedigung vorhandener oder zu steigernder Lebensbedürfnisse oder menschlichen Machtwillens dienender), vor allem Bergbau-, Textil- und als wichtigste die Dampfmaschinen schuf, ergab sich die Notwendigkeit, die noch ganz unentwickelte Metallbearbeitungstechnik zu vervollkommnen. Primärzwecken hatte allenfalls die Liebhaberdrehbank, wie sie in Deutschland und besonders in Frankreich entwickelt wurde und Ende des 18. Jahrhunderts in sehr vollendeter Form dastand, gedient, dem Spieltrieb, dem Kunstsinn. Der entstehende industrielle Werkzeugmaschinenbau war zunächst der Diener des Primär-Maschinenbaues:

seine erste Entwicklung entspringt rein technologischen Gründen. Die Ursachen für die Entstehung von Primärmaschinen sind technisch-wirtschaftlicher Art. Der Bedarf an ihnen läßt sich wecken, sie gewähren Spekulationsmöglichkeiten. Bei Bearbeitungsmaschinen läßt sich der Bedarf fast an Hand der herzustellenden Fabrikatemenge berechnen, ihre Schöpfung und Herstellung konnte immer nur eine Funktion des Bedarfs an Primärmaschinen sein und nur in den an diesen interessierten Ländern entstehen, d. h. in England, wo der Ausfuhrhandel und nachher in Nordamerika, wo der große Binnenmarkt vieler Primärmaschinen bedurfte. Hier waren die pekuniären Erfolge der Erfindungsarbeit des Werkzeugmaschinentechnikers von vornherein gesichert; in anderen Ländern tauchten häufig gute Gedanken und Konstruktionen auf und verschwanden wieder, da der Bedarf fehlte und sich nicht direkt wecken ließ wie der an Primärmaschinen. Kaum aber hatte sich der englische Werkzeugmaschinenbau mit einer Wucht ohnegleichen, einer Geschwindigkeit, als ob schlummernde Kräfte nur auf das sie erlösende Zeichen gewartet hätten, zu einem selbständigen Zweige der Maschinentechnik entwickelt, so entstand ein Reziprozitätsverhältnis: die Schöpfung von primären Maschinen und metallenen Gebrauchsgegenständen aller Art konnte sich nun ihrerseits weiter entwickeln, weil die ausgebaute Bearbeitungstechnik neue Anwendungsmöglichkeiten gestattete. Je stärker dann der Bedarf an Metallfabrikaten stieg, um so mehr wirkte außer dem technologischen auch wirtschaftlicher Zwang auf die Bearbeitungstechnik ein.

Nur an Hand des jeweiligen Bedarfs und Zwangs läßt sich die historische Entwicklung der Bearbeitungsmaschinen und Werkzeuge in ihren Zusammenhängen verfolgen.

Die Entwicklungen der drei wichtigsten Metallbearbeitungsindustrieen, der englischen, amerikanischen und deutschen lassen sich in folgende zeitliche Perioden teilen:

I. England.

1. Periode: Vor Maudslay.
2. ,, Maudslay und seine Schule.
3. ,, Whitworth.
4. ,, Whitworths Nachfolger.
5. ,, Amerikanischer Einfluß.

II. Amerika.
1. Periode: Vor 1860.
2. „ Bis zur Weltausstellung Philadelphia (1876).
3. „ Nachher.

III. Deutschland.
1. Periode: Englischer Einfluß (bis 1870).
2. „ Amerikanischer Einfluß.
3. „ Selbständige Weiterentwicklung (etwa von 1890 an).

Jeder Zweig der Metallindustrie und jedes Zeitalter der Entwicklung stellt einen oder mehrere Ansprüche folgender Art an die Bearbeitungstechnik, bzw. an die Maschinen und Werkzeuge:

1. die Möglichkeit der Herstellung überhaupt oder die Möglichkeit maschineller Herstellung;
2. die Genauigkeit der Erzeugnisse;
3. die Schnelligkeit der Herstellung bei unzureichenden Arbeitskräften oder Maschinen;
4. die Billigkeit der Erzeugnisse (hierzu gehört die Spanleistung der Maschinen, die Arbeitsgeschwindigkeit, die Leerzeit, der Selbstgang, in ihren Wirkungen auf die Lohnersparnis);
5. die konstruktive Ausgestaltung vom Standpunkt der zweckmäßigen Handhabung, Betriebssicherheit und Vielseitigkeit;
6. Typenbildung;
7. Harmonische Formgebung.

Von diesen Ansprüchen kann 1 nur einmal gestellt werden; er bildet eine Urforderung, und seine Erfüllung schließt die erste Stufe ab. 2 bis 5 werden beliebig oft in entsprechender Steigerung, 6 und 7 wurden einmal von England, einmal von Amerika gestellt und erfüllt. 1 und 2 besitzen rein technischen, 3 bis 6 teils technischen, teils wirtschaftlichen (davon 6 auch fabrikatorischen) und 7 ästhetischen (beeinflußt durch Zweckmäßigkeitsempfinden) Charakter. 1 und 2 erfüllte hauptsächlich England, 3 bis 7 Amerika, England und Deutschland. (Die Reihenfolge entspricht dem jeweiligen Anteil.) Manche der Ansprüche hängen oft paarweise zusammen, so 3 und 4, 4 und 5, 6 und 7, nämlich dann, wenn die Mittel die gleichen sind. 6 und 7 werden erst nach Erreichung eines gewissen Beharrungszustandes gestellt. Anspruch 6 ist maßgebend für die Frage: Sondermaschine oder Universalmaschine? Allen allgemeinen Zwecken dienenden Werkzeugmaschinen, außer der Hobelmaschine, gemeinsam ist die Entwicklung von der Sondermaschine zur Universalmaschine, das gilt sowohl für England als für Amerika. Schleifmaschinen und Fräsmaschinen waren in England fast nur reine Sondermaschinen; in Amerika wurden sie zu Universalmaschinen ausgebaut. Umgekehrt wurde die in der zweiten englischen Periode zur Universalmaschine gewordene Drehbank in Amerika, während seiner zweiten Periode, Sonderzwecken angepaßt; die Universaldrehbank blieb aber vollberechtigt nebenher bestehen. Bei den Bohrmaschinen war der Vorgang ähnlich. Die universellen Drehbänke und Bohrmaschinen erfuhren in Amerika eine weitgehende Unterteilung in verschieden große abgestufte Modelle unter Beschränkung jedes Modells auf einen kleineren Größenbereich von Werkstücken.

Von einer Verfolgung des Preiseinflusses wurde abgesehen, da Preisrücksichten nach unten oder oben keine neuen Konstruktionen geschaffen, sondern nur das Verharren bei vorhandenen Modellen oder das Hinneigen zu Neuerungen verstärkt haben (soweit sie den Anspruch 6 beeinflussen, können sie gleichzeitig mit diesem verfolgt werden).

Nach den angegebenen 7 Ansprüchen sind die Bearbeitungsverfahren zu analysieren, sie beeinflussen Schritt für Schritt die Herstellung derjenigen Elemente, aus denen sich die Maschinen zusammensetzen. Hierbei handelt es sich fast einzig und allein um paarweise Mechanismen. Mit wenigen Ausnahmen lag nur da, wo zwei zusammenpassende bewegte oder ruhende Maschinenteile auftreten, ein Zwang zur Bearbeitung vor. Die Bearbeitung von Einzelteilen konnte nur aus unwichtigen Gründen, z. B. des äußeren Aussehens oder der Bequemlichkeit des Anfassens wegen, erfolgen, sie beeinflußte die Bearbeitungstechnik nicht, sondern machte lediglich Gebrauch von ihr, als sie schon entwickelt war. Die paarweise auftretenden Formelemente sind folgende:

A. Drehkörper (achsial bewegt und umlaufend).
B. Ebene Fläche (ruhende Paßfläche und Führung).
C. Schraube und Mutter (Befestigungsschraube und Bewegungsschraube).
D. Unregelmäßige Flächen.
E. Zahnrad.

[Alle vorbereitenden Maschinen (Abstechmaschinen, Sägen, Zentriermaschinen usw.), sowie die Hilfsmaschinen (Werkzeugschleifmaschinen u. a.) werden nicht behandelt.]

Von diesen Elementen konnten B, C, D und E auch für industrielle Zwecke ohne Maschine bearbeitet werden; A dagegen nicht. Das achsial bewegte Drehkörperpaar verlangte zuerst von allen maschinelle Bearbeitung. Die Lösung dieses Problems wurde dadurch erleichtert, daß die maschinelle Herstellung des Rundkörpers höchst einfach ist. Die Herstellung des Kreises erfordert nur zwei Punkte mit festem Abstand, von denen sich der eine um den anderen dreht (Prinzip des Zirkels, Urerzeugung), die Herstellung der geraden Linie dagegen eine zu kopierende Geradführung (Prinzip des Lineals, Kopierverfahren). Eine Drehbank ohne Spindelkasten und Support war schon eine Drehbank, man brauchte dazu nur zwei achsial ausgerichtete feste Spitzen und eine um das Arbeitsstück geschlungene Antriebsschnur, eine praktisch brauchbare Hobelmaschine ohne Support ist dagegen nicht denkbar.

II. Die konstruktive Entwicklung unter Berücksichtigung des Bedarfs.

1. Die Maschinen und Schneidwerkzeuge.

Das Mittelalter und der erste Teil des 18. Jahrhunderts kannten nur den Anspruch 1; den zweiten Anspruch befriedigte das Handwerkszeug, die übrigen kamen nicht in Betracht. Somit blieb die Metallbearbeitung auf primitivster Stufe stehen, die einzige Maschine war die Handdrehbank, deren Anwendung auf paarweise zu verwendende Formelemente (Zylinder, Kegel, Kugel) eine teilweise Handarbeit darstellte, da nur die Kreisbewegung, nicht aber die Achsialbewegung maschinell erfolgte. Allerdings stellten gewisse Erzeugungszweige, so die Herstellung von Uhren und wissenschaftlichen Instrumenten auch den Anspruch 2 in Verbindung mit 3, mit der Folge, daß in Frankreich und in der französischen Schweiz die feinmechanischen Hilfsmittel (Zahnräderschneidemaschine, Gewindeschneidwerkzeuge) im 18. Jahrhundert bereits auf eine Höhe gelangten, die eine genaue Mengenfabrikation kleiner Spindeln und Räder ermöglichte; von dort aus wurden diese Einrichtungen auch in Deutschland, England usw. bekannt und gebräuchlich. Die zum Teil sehr geistvollen Erfindungen dieses französischen Kleinmaschinenbaues wurden aber nicht in Frankreich auf den eigentlichen Maschinenbau übertragen, sie mußten vielmehr später noch einmal gemacht oder aufgenommen und vervollkommnet werden.

Alle nicht zur Feinmechanik gehörenden Metallarbeiten, auch die Waffenfabrikation, hielten sich noch in den Grenzen des Anspruches 1.

Den Anstoß zur Entwicklung gab die Notwendigkeit, den einen Teil des Formelements A (Bohrung) zu erzeugen. Das geschah in England während seiner ersten Periode, unter dem Zwang von Anspruch 1. Diese erste Entwicklung mußte dort vor sich gehen, wo der moderne Wirklichkeitssinn, der Kapitalismus und die Primärmaschinen zuerst heimisch wurden, während das Festland durch dauernde Kriege, durch absolutistische Regierungen und innere Kämpfe nicht zu einer kräftigen wirtschaftlichen Betätigung kam. Stark anregend wirkte auf den englischen Maschinenbau das Patentgesetz vom Jahre 1617. Die ersten Ausbohrmaschinen für den Maschinenbau ähnelten den zum Ausbohren von vorgegossenen Kanonenrohren seit Jahrhunderten benutzten Ausbohrmaschinen mit sich drehender Bohrstange und achsial vorgeschobenem Arbeitsstück; seit den 40er Jahren des 18. Jahrhunderts bohrte man die Rohre auch aus dem Vollen mit umlaufendem Werkstück und achsial vorgeschobenem Bohrer. Die Maschinen führten den Schnitt und den Vorschub selbsttätig aus, sie besaßen aber schlechte Geradführung (Rollen auf Holzschienen, da Prismenführungen aus Metall noch nicht gewagt wurden) und keine Abstützung des Bohrkopfes, weshalb dieser — bei wagerechter Anordnung — nur unten schnitt, und das Werkstück bzw. der Bohrkopf viermal geschaltet werden mußte. Sie dienten zum Ausbohren der Zylinder der kurz nach 1711 gebauten Newcomenschen Dampfmaschine. Um die Mitte des Jahrhunderts gehörten horizontale Ausbohrmaschinen dieser Art zur Ausrüstung der meisten englischen Gießereien. Ihre Leistung war sehr mangelhaft; Watt konnte 1765 noch keinen genügend genau gebohrten Zylinder von 6″ Durchmesser und 2′ Länge erhalten und behalf sich deshalb mit einem geschmiedeten Zylinder. Smeaton stützte 1769 den Bohrkopf durch einen im zu bohrenden Zylinder laufenden vierrädrigen Wagen mit Gegengewichtshebel ab; die Arbeitsgenauigkeit blieb gering ($^3/_8$'' Unrundheit bei 18''-Zylindern), da der Stützwagen allen Unebenheiten der gegossenen Zylinderfläche folgte. Man sah deshalb vielfach vom Ausbohren ganz ab und schliff die Zylinder aus. Der Zylinder der Wattschen Dampfmaschine (seine Fabrik wurde 1774 gegründet) besaß zwar noch einen Kolben mit Weichdichtung aber mit 20 bis 25 minutlichen Hüben (gegenüber 7 bis 8 bei Newcomen), erforderte deshalb eine höhere Bearbeitungsgenauigkeit (Anspruch 2). Diese lieferte die Ausbohrmaschine von John Wilkinson vom Jahre 1775. Diese Maschine verwandte zuerst eine gute, vom Werkstück unabhängige Werkzeugführung, und zwar an Stelle der unvollkommenen Holzführung eine zylindrische Geradführung in Form einer durch den Zylinder hindurchragenden, außen gelagerten Bohrstange und auf dieser mit Zahnstange, Ritzel und Gewichtshebel sich achsial vorschiebendem Bohrkopf. [Das Quellenmaterial hierüber ist unvollkommen; patentiert wurde die Maschine nicht; diese Bohrkopfbewegung scheint aber nach einem Buch von John Nicholson (The Operative Mechanic, vom Jahre 1825), der sie als tadellos arbeitende Konstruktion der unvollkommenen Smeaton-Maschine gegenüberstellt, ohne aber Wilkinson zu nennen, doch von diesem herzurühren, da von anderen Verbesserungen der Smeaton-Maschine nichts berichtet wird. Auch deutsche ähnliche Bauarten sind überliefert worden; vgl. „Beiträge zur Geschichte der Technik und Industrie, Jahrbuch des Vereins deutscher Ingenieure", Jahrgang 1912, wo ein Zylinderbohrwerk in Gleiwitz aus dem Jahre 1804 und ein Bohr- und Drehwerk in Malapane vom Jahre 1807 abgebildet ist.] Als Schneidwerkzeug benutzte Wilkinson einen Bohrstahl an Stelle des noch von Smeaton benutzten nur schabenden Reibahlenkopfes. Dies war die erste und einzige einwandfreie Bearbeitungsmaschine mit selbsttätigem Schnitt und Vorschub der englischen ersten Periode. — Die Vertikalbohrmaschine soll Watt mit Kraftantrieb ausgestattet haben, jedenfalls dürfte diese Konstruktion um 1790 entstanden sein, sie besaß aber nur Handvorschub. — Wesentlich für Formelement *E* war, daß um die Mitte des 18. Jahrhunderts die Gesetze der Zykloide und der Evolvente bekannt waren; gußeiserne Zahnräder wurden 1769 von Smeaton eingeführt.

Maudslay und seine Zeitgenossen: Die zweite Periode, die mit dem Jahre 1790 begann, stand unter der Einwirkung der in der Werkstatt von Bramah herzustellenden Schlösser, hydraulischen Pressen und astronomischen Instrumente; der Arkwrightschen Spinnmaschine (1769) und des Cartwrightschen mechanischen Webstuhles (1784). Sie brachte zunächst die Lösung der Herstellungsaufgabe von B nach Anspruch 2 durch Handarbeit. Maudslay erfand das Verfahren, genaue ebene Flächen durch gegenseitiges Abschmirgeln von 3 Richtplatten herzustellen. Hierdurch wurde es ihm im Jahre 1794 möglich, den schon in den 70er und 80er Jahren in Frankreich benutzten Kreuzsupport (mit drei nachstellbaren Geradführungen und einer Rundeinstellung) genau herzustellen und auf die Drehbank zu übertragen. Ferner konnte er nunmehr genaue Bettführungen anfertigen und den Support auf ihr selbsttätig verschiebbar machen (Drehbank vom Jahre 1797 etwa). Hiermit war das Mittel zur Herstellung des Formelements A unter Erfüllung des Anspruches 2 geschaffen. Die früher für jedes einzelne Drehteil erforderliche Arbeitsorgfalt brauchte jetzt nur einmal, bei der Herstellung der Drehbankprismen, aufgewandt zu werden, und die mechanische Herstellung unter sich gleicher Teile war ermöglicht. Auch Plandrehbänke baute Maudslay, desgleichen drehbankähnliche Horizontalbohrmaschinen und solche mit vertikal verstellbarer Arbeitsspindel (Anspruch 1 für große Werkstücke). Gleichzeitig schritt er an das Herstellungsmittel für Formelement C nach Anspruch 2 (Anspruch 1 war schon durch die alten rohen Patronen- und Kluppenschneidmaschinen erfüllt). Seine Urleitspindel fertigte er mittels eines schräg zur Achse des Schraubenrohlings in einen Hartholz- oder Weichmetallklotz eingesteckten konkaven Meißels an, der vom Werkstück durch Reibung mitgenommen wurde; hierbei entstehende Fehler wurden dadurch korrigiert, daß die Schloßmutter an einem Ende eines Schwinghebels gelagert wurde, dessen anderes Ende an einen Gleitschuh angelenkt war, welcher beim Längstransport des Supports auf einem entsprechend geformten Lineale glitt und dadurch eine Zusatzbewegung erhielt. Außerdem sind Maudslay die Wechselräder zur Leitspindel und die ersten festgelegten Gewindegangzahlen zu verdanken. Durch die Konstruktion der ersten Horizontalstoßmaschinen (mit zwei runden Führungsstangen für den durch Kurbelscheibe angetriebenen Werkzeugträger) schuf er ferner die maschinelle Herstellung des Formelements B, Anspruch 1. In der Werkstatt von Bramah war das Fräsen mittels eines auf den Drehdorn aufgesteckten Fräsers üblich (Formelement *D*, Ansprüche 1, 3 und 4). Maudslay schnitt seine Zahnräder auf der Drehbank mittels eines auf dem Support besonders angetriebenen Fräsers mit vier radialen Formmessern und der als Teilscheibe ausgebildeten Planscheibe (Formelement *E*, Ansprüche 1 und 2), was für Uhrenzahnräder schon seit dem Anfang des 18. Jahrhunderts üblich war. Maudslay baute die ersten durchweg aus Eisen bestehenden Werkzeugmaschinen und schuf gleichmäßige Formen (Anfänge der Berücksichtigung des Anspruches 7) durch Einführung normaler Maschinenfüße und abgerundeter Übergänge anstatt der vorher in Anlehnung an die Holzbalkenkonstruktionen üblichen scharfen Ecken. Er war übrigens der erste eigentliche Lieferant für Werkzeugmaschinen, die sich vorher jeder Verbraucher selbst herstellen mußte.

Ausgesprochene Massenfabrikationsmaschinen waren die von Bentham und Brunel mit Unterstützung von Maudslay gebauten Holzbearbeitungsmaschinen für Flaschenzugblöcke der englischen Marine, die im Jahre 1808 in Portsmouth in Betrieb gesetzt wurden. Das Benthamsche Patent Nr. 1951 vom Jahre 1793 enthielt eine große Anzahl von wichtigen Erfindungsgedanken für die Holz- und Metallbearbeitung (Schlittenführungen, verstellbare Anschläge für die Begrenzung von Schlittenbewegungen, Fräser für allgemeine Bearbeitungszwecke aus einem Stück und mit eingesetzten Messern, Kreissägen, Gewindefräserei, zentrierendes Spannfutter, Spiralbohrer, Bohrer mit Ölkanal usw.), es blieb aber ebenso wie seine der Öffentlichkeit nicht zugänglichen Maschinen ohne sichtbaren Einfluß.

Die Werkstätten von Bramah und Maudslay schufen somit die Möglichkeit der maschinellen Herstellung aller 5 Formelemente *A* bis *E* unter Erfüllung mehrerer der angegebenen Ansprüche; Anspruch 1 war jedenfalls durchweg erfüllt.

Wesentlich für die Intensität der Entwicklung dieser Periode ist der enge Konnex und das teilweise Zusammenarbeiten der Hauptträger dieser Entwicklung. Alle wirkten in oder bei Manchester. Das ist gerade im Werkzeugmaschinen- und Werkzeugbau mit seinen vielen und nur persönlich mitteilbaren Kleinigkeiten wesentlich.

Vom Standpunkte der Primärmaschinen aus betrachtet stellt

das Maudslay-Zeitalter eine Zwischenperiode dar, insofern als in dieser Zeit Leichtmaschinen entwickelt wurden. Gleich im zweiten Jahrzehnt des 19. Jahrhunderts wurde die unterbrochene Entwicklung des englischen mittleren und schweren Werkzeugmaschinenbaues unter dem Einfluß des Bergbaues, d. h. des Dampfmaschinen- und Pumpenbaues, sowie der Textilmaschinenindustrie wieder fortgesetzt.

Maudslays Nachfolger: In den 20er Jahren erfuhr die Drehbank weitere Verbesserungen im Sinne der Ansprüche 4 und 5 durch Verstärkung ihrer Abmessungen, Kröpfung des Bettes, Supportantrieb durch Zahnstange, rundes drehbares Stichelhaus, seitliche Verstellbarkeit des Reitstockoberteiles, hohle Reitstockpinole mit Innengewinde usw. An Bohrern kannte man Spitzbohrer mit Schnitt nach beiden Seiten und solche mit Schnitt nach einer Seite, dazu halbrunde Kanonenbohrer. Die Bohrmaschine blieb sehr roh.

Ermöglicht durch den Maudslayschen Support und hervorgerufen durch die Bedürfnisse des Drehbank- und Textilmaschinenbaues (Formelement *B*, Bearbeitung von Führungsprismen) entstand die englische Hobelmaschine in den Jahren 1814 bis 1817 unter dem Zwang des Anspruches 3; für das alte Handverfahren (mit Meißel, Feile und losem Schmirgel) standen nicht genügend viele Arbeiter zur Verfügung, um den stark gestiegenen Bedarf an langen ebenen Führungen zu decken. Anscheinend wurde die Hobelmaschine von mehreren Konstrukteuren unabhängig voneinander erfunden; über die Maschinen von Fox und Murray (beide 1814) ist wenig zu erfahren; die von Roberts (1817) erfüllte eigentlich schon die Ansprüche 5 und 7, Bett, Tisch, Querbalken und Werkzeugaufnahme besaßen die heutigen Formen und Einstellbewegungen. Der Antrieb des Tisches erfolgte mit Kette und Handkreuz. Clements Maschine (1820) war größer, sie besaß 2 Stähle, je einen für Vorwärts- und Rückwärtsschnitt, der Tisch wurde durch Kegelräderwendegetriebe und 2 Zahnkupplungen umgeschaltet, der Antrieb geschah von Hand. Rennies Hobelmaschine (1820) besaß Tischantrieb durch Schraubenspindel und Wendestahlhalter. — Dem gleichen Zwang (Formelement *B* unter Erfüllung von Anspruch 3 herzustellen, zu dem sich gleichzeitig Anspruch 4 gesellte) verdankte die Fräsmaschine ihre Einführung in die allgemeine Metallbearbeitung. Nasmyth baute im Jahre 1829 seine einspindelige Mutternfräsmaschine mit Stirnfräser, Aufnahme des Werkstückes auf vertikalem Aufspanndorn mit Schaltscheibe, quer geführtem Tisch mit selbsttätigem Vorschub durch Sperrad und Verstellbarkeit in Richtung der Arbeitsspindel.

Die Schraubenherstellung (Element *C*) machte starke Fortschritte. Maudslay führte an Stelle der quetschenden kantigen korrekt dreifach genutete Gewindebohrer ein, er verwandte zuerst Sätze zu 3 Stück, so daß er Sacklochgewinde schneiden konnte. Das Freischneiden der Kanten wurde durch Hinterfeilen erreicht. Clement versah seine Gewindebohrer um 1828 mit dünnerem Schaft, so daß sie mit dem Vierkant durch das geschnittene Loch hindurchfallen konnten. Kleine Holzschrauben begann man anscheinend auf vollautomatischen Drehbänken mit Schneidkluppe anzufertigen, das ergibt sich daraus, daß Whitworth diese Maschinen in seiner englischen Patentschrift Nr. 6850 vom Jahre 1835 als bekannt voraussetzt. Maßgebend waren Ansprüche 3 und 4. Die gleichen Ansprüche führten für größere Schraubenpaare zur Konstruktion der Bolzen- und Mutterschneidemaschinen, die um das Jahr 1830 auftauchten. Die von Fox geschaffene Bauart verwandte eine umlaufende, achsial verschiebbare und sich umschaltende Arbeitsspindel mit umlaufendem Gewindebohrer oder (sich nicht öffnendem) Schneidzeug.

Die Herstellungsverfahren für Formelement *D* erfuhren keine weitere Vervollkommnung.

Die Sonderfräsmaschine für Formelement *E* schuf der vor allem in England tätige Schweizer Bodmer (wahrscheinlich gleichzeitig Roberts) in den 20er Jahren. Sie diente zunächst nur der Bearbeitung von Formmodellen, da damals alle Zahnräder, auch die der Werkzeugmaschinen, unbearbeitet benutzt wurden. Für Stirnräder erfüllte die Bodmersche Maschine sämtliche 7 Ansprüche; Vorschub und Teilung erfolgten von Hand, für die Teilung waren Schneckentrieb und Wechselräder vorgesehen, Radachse und Fräserachse lagen horizontal, letztere unterhalb der ersteren. Die Verzahnungsgesetze und die Hilfsmittel zum Entwurf der Flankenkurven begründete Willis im Jahre 1836; den Begriff der Pitchteilung führte Bodmer ein.

Am Ende der zweiten englischen Periode, die etwa bis zum Jahre 1835 anzusetzen ist, war somit für die maschinelle Erzeugung der

Formelemente *A*, *B*, *C* und *E* eine weitgehende Erfüllung der genannten Ansprüche vorhanden.

Die dritte, Whitworth-Periode, zeigt eine mächtige Förderung der Werkstattstechnik und des Werkzeugmaschinenbaues unter dem Einfluß der Ansprüche 2 bis 7. Das Jahrzehnt 1830 bis 1840 brachte die Entwicklung der Eisenbahn und des Dampfschiffes, die allgemeine Verbreitung der Dampfmaschine, und damit das bis dahin stärkste Bedürfnis an Metallbearbeitungsmaschinen. In dieser Zeit wurden dieselben allgemein für den Verkauf gebaut, ihre Gestalt begann feste Formen anzunehmen. Man war jetzt so weit, daß die auftretenden Kräfte richtig erkannt, das entbehrliche Beiwerk weggelassen, die Materialeigentümlichkeiten voll berücksichtigt wurden. Es bestanden 2 Stilarten: die alte eckige Zimmermannsform (Maudslay; Nasmyth; Sharp, Roberts & Co.; Fox) und die dekorative Form, die auch die früheren Whitworth-Maschinen noch aufweisen. Beide Richtungen verwandten Maschinenkörper mit Profilquerschnitten, ebenen Seitenflächen und Verrippung. Whitworth schuf den Hohlguß, dessen Vorzug: größte Widerstandsfähigkeit mit geringstem Materialaufwand zu vereinigen, er den in der organischen Natur vorkommenden Rohrkörpern entnahm. Es bildete sich der eigentliche Whitworth-Stil (vor allem für Drehbänke, schwere Vertikal- und Radialbohrmaschinen, horizontale und vertikale Stoßmaschinen, Fräsmaschinen, Bolzenschneidmaschinen) der sich für mittlere und schwere Maschinen bis heute erhalten hat. Whitworths Hauptverdienst liegt in Richtung des Anspruches 2; er bildete die von Maudslay, Clement und Bodmer geforderte Genauigkeit der Werkstättenarbeit zu einer seiner Zeit weit vorauseilenden Vollendung aus.

Formelement *A*: Die Drehstähle und Stahlhalter waren anfangs der 40er Jahre weitgehend entwickelt; Babbage und Willis veröffentlichten 1846 eingehende Studien und Versuche über Schneidenformen.

Whitworths erste Drehbank (1835 gebaut, englisches Patent vom gleichen Jahre Nr. 6850) zeigte Fortschritte im Sinne von Anspruch 5: rechteckigen Kastenquerschnitt des Bettes, doppeltes Rädervorgelege parallel zur Arbeitsspindel und hinter ihr, selbsttätigen Planzug, Kegelräderwendegetriebe für die Leitspindel, moderne I-Supportform und Doppelstahlsupport. Im Jahre 1837 wurde Haley die exzentrische Ausrückung des Rädervorgeleges patentiert; die Ausführung des mit der Arbeitsspindel verkeilten großen Stirnrades, das entweder mit der Stufenscheibe oder mit dem Rädervorgelege verkuppelt werden kann, liegt in den 50er Jahren vor. 1837 verwandte Nasmyth das Wendeherz. Der Skalaring auf der Supportspindel wird in den 40er Jahren, die Befestigung der Reitstockpinole durch geschlitzte Führungshülse sowie durch quer durchgehende ausgerundete Klemmhülse um die Mitte des Jahrhunderts, die Reibkupplung zum Ein- und Ausrücken der Supportbewegung im Jahre 1862 erwähnt. — Das Vertikaldrehwerk (Karussell) ließ sich Bodmer im Jahre 1839 (Nr. 8070) schützen, führte es aber nicht aus. — Die Bearbeitung des Formelements *A* erfuhr eine weitere Förderung im Sinne der Ansprüche 2, 3 und 4 durch die Rundschleifmaschine des Engländers Whitelaw (veröffentlicht 1838), der eiserne Trommeln mit großen Sandsteinen schliff; das Arbeitsstück besaß selbsttätige Hin- und Herbewegung, die Zustellung erfolgte von Hand. (Für Gewehrläufe war das freihändige Rundschleifen längst bekannt.) Karmarsch erwähnt 1851, daß die Fabriken sich öfters selbst Rundschleifmaschinen mit Sandsteinen für eigenen Bedarf bauen, besonders zum Schleifen von Riemscheiben, Kolbenstangen und Walzen. — Die Bohrmaschine erhielt in den 40er Jahren (ausnahmsweise) selbsttätigen Vorschub (Anspruch 4), als Mittel dazu diente die Schraubenspindel, seltener die Zahnstange. Auch der rasche Handrückzug der Bohrspindel durch Ausschaltung des Schneckenrades und dadurch ermöglichte direkte Drehung des Zahnstangenritzels durch Handrad findet sich seit mindestens Anfang der 60er Jahre an englischen Maschinen. Die leichte Maschine besaß zwar schon in den 40er Jahren wichtige Einzelheiten, wie Rundsäule, herumschwenkbaren Tisch mit Zahnstangen-Höhenverstellung (auch mit Kreuzsupport, durch Whitworth), blieb aber unharmonisch und besaß z. B. fast niemals Hohlgußständer. Die schwere bildete sich zum Whitworth-Stil und zum Fairbairn-Stil aus (beide mit Hohlgußständer). Die Radialbohrmaschine, zum Bohren der Zylinderflanschen von Dampfmaschinen und der Feuerbuchsen von Lokomotiven geschaffen, entwickelte sich zu 2 Typen: der älteren Whitworth-Type (Ausleger mit zwei vertikalen Zapfen an einem in lotrechter Richtung an der Säule verschiebbaren Schlitten gelagert) und der Fairbairnschen

(Rundsäule), von denen die erstere in Deutschland und Amerika beliebter wurde als die letztere.

Formelement *B* erfuhr durch Nasmyths Horizontalstoßmaschine eine Förderung im Sinne der Ansprüche 5 und 6. Die im Jahre 1836 gebaute Maschine besaß vor der (nur für eigenen Gebrauch angefertigten) Maudslay-Maschine den Vorzug universeller Verwendbarkeit. Die Tischanordnung entsprach der heutigen, die Schlittenbewegungen hatten Selbstgang. Den Bedürfnissen des Dampfmaschinenbaues (Halbrundnaben und Gestängeteile) folgend wurde die Maschine mit Rundhobeleinrichtung des Stößels und Spitzenapparat für die Werkstücke versehen. Die Maschine war für die Folge keine reine Ebenen-Hobelmaschine, sondern die eigentliche „Formgebungs"- (Shaping-) Maschine. Whitworth verbesserte die Maschine im Sinne von Anspruch 4 durch seine schwingende Kurbelschleife (Patent Nr. 12907 vom Jahre 1849). — Vertikalstoßmaschinen (für Nabenkeilnuten) in heutiger Form nach dem Vorbilde der Bentham und Brunelschen Holznutenstoßmaschine bauten Roberts und Nasmyth (letzterer 1836) unter Erfüllung der Ansprüche 4, 5 und 6. Whitworth versah die Maschine anfangs der 50er Jahre mit kreisender Kurbelschleife (Anspruch 4). — Gleichfalls im Jahre 1836 baute Nasmyth die erste Keilnutenziehmaschine (Anspruch 4, 5 und 6). — Whitworths Hobelmaschine vom Jahre 1835 besaß bewegten Werkzeugquerbalken und ruhendes Werkstück; diese Bauart wurde maßgebend für die Gruben- und Blechkanten-Hobelmaschinen (französische Hobelmaschine). Seine Maschine vom Jahre 1842 mit bewegtem Werkstückschlitten hatte Schraubspindelantrieb und Wendestahlhalter. Hobelmaschinen mit Tischantrieb durch Zahnstange tauchten Ende der 30er Jahre auf (Roberts, Bodmer, Nasmyth). Weitere Verbesserungen im Sinne der Ansprüche 4 und 5 waren: der rasche Rücklauf (Nasmyth 1840), der Stiefelknecht von Bodmer (1839), der eine genaue Begrenzung des Vorschub-Schaltweges ermöglichte, der Tischantrieb durch Zahnstange und gleichachsige Schnecke von Bodmer (1841). Letztere Neuerung blieb aber ebenso wie der positive Vorschub durch die Tischantriebswelle, die auch von Bodmer angegeben wurde, bis auf Sellers unbeachtet. In den 40er Jahren entwickelten sich die Hobelmaschinen allgemein zu ihrer heutigen äußeren Form. — Besonders bedeutend für die

Erfüllung von Anspruch 2 für Formelement *B* war das von Whitworth eingeführte Schaben anstatt des Aufschleifens mit losem Schmirgel, wodurch eigentlich erst die befriedigende Bearbeitung der geschlossenen Führungen von Stoßmaschinen, Drehbänken usw. möglich wurde.

Auf dem Gebiete des Formelements *C* erfolgten weitere Verbesserungen des Gewindebohrers; Bodmer erhielt im Jahre 1841 ein Patent auf hinterdrehte Gewindebohrer, auch nachstellbare Bohrer (allerdings in mangelhafter Ausführung) wurden bekannt. Richtig schneidende Gewindekluppen schuf Whitworth in den Jahren 1834 und 1840 (englische Patente Nr. 6566 und 8705), von denen die ersten schlecht, die letzten besser geführte Backen besaßen. Es gab Gewindestähle mit Halter. Der rasche Rücklauf der Drehbank beim Gewindeschneiden wird in den 40er Jahren erwähnt, desgleichen die exzentrische Schloßmutterschaltung (Anspruch 4). Für Schraubenmaschinen war Whitworths Patent Nr. 6850 vom Jahre 1835 bedeutungsvoll im Sinne der Ansprüche 3, 4 und 5. Die Maschine besitzt alle wichtigen Grundmerkmale der späteren Automaten: Vorschubpatrone (in Hakenform), Spannpatrone (zangenförmig) mit Spannkegel, Kurvenwelle mit Steuerhebeln, Rechts- und Linksgang. Im Patent 8188 vom Jahre 1839 wird der Spindeldrehsinn durch Reibkegel umgeschaltet; die Vorschubpatrone besitzt hier moderne runde Form. — Die Bolzen- und Mutternschneidemaschinen verbesserte Whitworth (englisches Patent Nr. 6566 vom Jahre 1834) durch die zwangläufige Bewegung der Arbeitsspindel mittels einer Leitschraube (Anspruch 2), die rasche Öffnungs- und Schließungsbewegung des Schneidzeuges mittels Kurvenführung der Backen, ferner (Patent Nr. 7441 vom Jahre 1837) durch die selbsttätige Umschaltung des Antriebsdrehsinnes (Anspruch 4). Entwicklungsfähiger waren die in den 40er Jahren von mehreren Firmen gebauten Maschinen mit Achsialbewegung des Schlittens und nur umlaufender, nicht achsial verschobener Arbeitsspindel. — Wesentlich für die Gewindeherstellung war das Ende der 30er Jahre aufgestellte Whitworthsche Gewindesystem, das schon im Jahre 1841 eine große Verbreitung in England besaß.

Für das Formelement *D* schuf das Whitworthsche Zeitalter nichts Wesentliches. Die Fräsmaschinen mit Vollfräsern oder Messerköpfen dienten in der Hauptsache zur Bearbeitung von Formelement *B* (Muttern, Flanschen usw.) und entwickelten sich im Sinne der Ansprüche 5 und 6 (Konsol-Fräsmaschinen). Erwähnenswert ist die im Jahre 1849 Kilner patentierte Rundfräsmaschine für Radreifen (die also eigentlich zu Formelement *A* gehört, Anspruch 4).

Whitworths Räderfräsmaschine vom Jahre 1835 (Formelement *E*) bot Bodmer und Roberts gegenüber nichts Wesentliches, soweit sie Stirnräder fräste, dagegen war sie die erste Abwälzmaschine für Schneckenräder mit Zahnräderverbindung zwischen Radantrieb und Fräserspindel; sie besaß horizontale Radachse und vertikale Fräserachse. Im übrigen wurden Konstruktionseinzelheiten entwickelt. Schiele erhielt im Jahre 1856 das englische Patent Nr. 2896 auf eine mit den erforderlichen 3 Bewegungen arbeitende richtige Abwälzmaschine, die aber wahrscheinlich nie gebaut und bald vergessen wurde.

Den Höhepunkt des Whitworthschen Zeitalters bildete die Weltausstellung in London vom Jahre 1851; die von 1862 zeigte nur noch einen Fortschritt im Sinne von Anspruch 6. In den 60er Jahren verschlechterten sich die Leistungen der Whitworthschen Fabrik. Ein neuer Führer des englischen Werkzeugmaschinenbaues erstand nicht, es trat eine Verkalkung des ganzen Zweiges ein. Für schwere und mittlere Bearbeitungsmaschinen war ein gewisser Abschluß erreicht worden; die Forderungen der Zeit lagen jetzt auf den Gebieten der Maschinen für leichte Massenteile im Sinne der Ansprüche 3 und 4. Zu einer solchen Umstellung fehlte dem englischen Werkzeugmaschinenbau die Kraft.

Die vierte englische Periode schuf nichts Wesentliches.

Auch die fünfte blieb ziemlich unfruchtbar. Der amerikanische Einfluß setzte erst bedeutend später ein als in Deutschland (90er Jahre), die Zeit bis zur Jahrhundertwende war zu kurz für eine eigentliche Befruchtung. Erwähnenswert ist ein im Jahre 1892 an Muir erteiltes englisches Patent auf einen vierfachen schwenkbaren Stahlhalter für Revolverdrehbänke mit Drehzapfen, Spannschraube und Federriegel, sowie das im Jahre 1890 einem englischen Erfinder erteilte D. R. P. Nr. 53 508 auf das Herausdrücken des Fräsdorns durch eine auf dem Spindelkopf oder dem Dorn sitzende Mutter.

Im Vergleich mit den Errungenschaften der englischen 1. und 2. Periode sind die eigentlich originalen Verfahren, welche die amerikanische Bearbeitungstechnik hervorgebracht hat, geringfügig. Anspruch 1 war erfüllt; was zu tun blieb, war in der Hauptsache die weitere Erfüllung von Anspruch 2 und vor allem der Ansprüche 3 bis 6, d. h. der Konstruktion. Neue Verfahren brachte Amerika vor allem für die Bearbeitung des Formelements *E* auf.

Von einer amerikanischen Industrie konnte erst nach der Erringung der Unabhängigkeit vom englischen Mutterlande durch den Freiheitskrieg von 1775 bis 1783 die Rede sein; vorher wurde, wie in den anderen englischen Kolonien, jede industrielle Entwicklung unterdrückt. England fürchtete die Konkurrenzgefahr, die der amerikanische Bodenreichtum mit sich bringen mußte; es verbot unter anderem die Herstellung von Eisenwaren. Immerhin bestanden schon vor dem Kriege einige Fabriken für Handwerkszeug, und während des Krieges war man schon so weit, daß man die Geschütze selbst anfertigen konnte. Gleich nach dem Kriege wurde mit der Schaffung einer einheimischen Industrie begonnen, der vor allem die Aufgabe zufiel, die für die Erschließung des Bodens erforderlichen Hilfsmittel zu liefern (Handwerkszeuge aller Art),. den Bodenertrag soweit zu verarbeiten, daß der heimische Bedarf an Fertiggütern gedeckt werden konnte (Textilwaren, Feuerwaffen usw.) und dem Mangel an gelernten Arbeitskräften durch Maschinenarbeit zu begegnen (Haushaltungsmaschinen). Die Wiege des amerikanischen Werkzeugbaues waren die Oststaaten (New England), woselbst der Textilmaschinenbau entstand, und die ersten Werkzeugmaschinen für den Handel nach englischen Vorbildern gebaut wurden. (Fast alle alten amerikanischen Maschinenfabriken, die etwa vom Jahre 1786 ab entstanden, bauten zunächst Textilmaschinen.) Die Hauptzentren waren Pawtucket, dann Worcester und Fitchburg. Die charakteristischen amerikanischen Leichtmaschinen gingen dagegen während der ersten Periode durchweg aus den Gewehrfabriken hervor, schon im letzten Jahrzehnt des 18. Jahrhunderts entstanden die beiden ersten staatlichen Gewehrfabriken (in Springfield, Mass. und Harpers Ferry, Maryland), und um die Jahrhundertwende wurden die beiden privaten Gewehrfabriken von Eli Whitney und Simeon North gegründet.

Ebenso wie in England (Manchester und Leeds) bildete sich auch der amerikanische Werkzeugmaschinenbau unter dem Einfluß örtlicher Konzentration. Stark anregend wirkte auf die junge Industrie das im Jahre 1790 erlassene Patentgesetz und der während des Krieges mit England (1812 bis 1814) erhöhte Schutzzoll, der im Jahre 1832 ermäßigt, 1841 etwas erhöht und von 1860 ab zum Sperrzoll wurde. Um 1820 genossen amerikanische Ackerbaugeräte, Spinnmaschinen usw. in Europa bereits den Ruf, besser zu sein als die englischen, im großen ganzen aber blieb Amerika bis etwa zum Jahre 1840 überwiegend Agrarstaat.

Im Werkzeugmaschinenbau herrscht während der ersten amerikanischen Periode Anspruch 3 durchaus vor; daneben macht sich Anspruch 4 geltend. Wertvoll für die Erfüllung des Anspruchs 2 bei der Herstellung des Formelements A war der von Saxton in Philadelphia in den 20er Jahren erfundene Zentrierbund des Drehbank-Spindelhalses für die richtig zentrische Aufnahme der Futter, der aber erst später von Sellers eingeführt wurde. — Für Formelement A wurden die Vertikaldrehwerke (Karussells) ausgeführt. (Anspruch 5 und 6 für große Arbeitsstücke.) — Ferner fällt in diese Periode die Schöpfung der Revolverdrehbank. Schon im Jahre 1845 hatte Fitch Achtloch-Revolverköpfe mit horizontaler Achse und Selbstschaltung für die Bearbeitung von Gewehrteilen gebaut; eigentliche Revolverdrehbänke mit vertikaler Kopfachse konstruierte Stone (nach anderen Quellen war Howe der erste) bei Robbins & Lawrence um 1854, die für die spätere Brown & Sharpesche Maschine vorbildlich wurden. Mitte der 50er Jahre bauten auch andere amerikanische Firmen Revolverdrehbänke. Colt baute um 1855 Schraubendrehbänke ohne Revolverkopf, statt dessen mit Langschlitten mit 2 Stählen zum Abdrehen und Anschlag, aber mit vielen später für diese charakteristisch gewordenen Kennzeichen: Runde Spannpatrone für das Arbeitsstück (die schon einige Jahre vorher in Amerika angewandt wurde; vgl. auch oben unter Whitworth), Quersupport für den Abstechstahl und Leitapparat mit Patrone zum Gewindeschneiden. — Die Horizontalbohrmaschine erfuhr unter dem Einfluß der im Jahre 1850 von Corliss gebauten Rundschieber-Dampfmaschine einen kräftigen Ausbau im Sinne der Ansprüche 5 und 6; dazu kam, daß die hochentwickelte amerikanische Gießereitechnik die Herstellung der Maschinenrahmen aus einem Stück liebte; die Bearbeitung dieser Rahmen verlangte die Horizontalbohr- und -Fräsmaschine.

Die Revolverdrehbank bedeutete auch für die Herstellung des Formelements *C* eine Entwicklung im Sinne der gleichen Ansprüche wie oben.

Früher als diese Maschine trat die der Bearbeitung des Formelements *B* dienende Fräsmaschine in einer für die Massenherstellung zugeschnittenen Form auf den Plan. Kleine wenig entwickelte Fräsmaschinen wurden ebenso wie in Europa frühzeitig zum Fräsen von Schlitzen und anderen der Feile schwer zugänglichen Teilen (besonders Gewehrteilen) benutzt. Von diesen zeigt eine im Jahre 1835 von Gay, Silver & Co. gebaute Maschine Abstützung des Fräsdorns durch Gegenhalter, Ausrückung des Selbstgangs durch Fallschnecke (Anspruch 4). In Amerika entwickelte sich die Maschine rascher zu einer Bearbeitungsmaschine für allgemeine Zwecke, da keine andere Maschine so sehr zum Ersatz der Schlosserarbeit geeignet war wie sie und Facharbeiter selten waren (Anspruch 3). Im Jahre 1852 baute Howe bei Robbins & Lawrence die Vorläuferin der Lincoln-Fräsmaschine mit vertikal verstellbarer Frässpindel und Reitstock, die gleichzeitig die Ansprüche 3 und 4 sowie den Anspruch 6 erfüllte. Pratt bei der Firma G. S. Lincoln & Co. verbesserte diese Maschine im Jahre 1854 durch Anbringung einer Schraubenspindel für den Tischvorschub (anstelle der bei schweren Schnitten ratternden Zahnstange), Rädervorgelege usw.

Für Formelement *D* kam die Fräsmaschine in dieser Periode bereits in großem Umfange in Frage, obgleich das eigentliche Fassonwerkzeug, der hinterdrehte Fräser, noch nicht da war. Brown & Sharpe sollen zwar schon im Jahre 1851 hinterdrehte Zahnformfräser benutzt haben, sie waren aber noch nicht im Handel zu haben. Um 1848 baute Howe bei Robbins & Lawrence die Kopierfräsmaschine mit zwei achsial verstellbaren und durch Feder zurückgezogenen Vertikalspindeln und Schablone. (An dieser und den anderen von Howe geschaffenen Konstruktionen war anscheinend Root von der Waffenfabrik Colt beteiligt.)

Für die Entwicklung des Elements *E* geschah nichts.

Die in dieser Periode, etwa vom Jahre 1840 ab, stark entwickelten Sondermaschinen, vor allem für den Gewehrbau, begründeten den Ruf der amerikanischen Metallbearbeitungstechnik; sie brachten wichtige Arbeitsverfahren und hochwertige Maschinen zu ihrer Ausführung. Die Laufbohrmaschine zum Bohren tiefer Löcher von kleinem Durchmesser, mit sich drehendem Lauf und achsial vorgeschobenem Bohrer, baute Howe bei Robbins & Lawrence, anscheinend im Jahre 1850 (Ansprüche 1, 2, 5 und 6).

(Für die Holzbearbeitung war die im Jahre 1818 gebaute Blanchard-Kopierschaftdrehbank mit schwingend gelagertem Messerkopf, die dem sich drehenden Schaft durch eine Metallschablone nach Maßgabe der zu kopierenden Form genähert bzw. von ihm entfernt wurde, sehr bedeutungsvoll; der Gedanke des Kopierens von Holzteilen findet sich übrigens schon vorher bei den Maschinen von Bentham und Brunel verwirklicht.) Im übrigen bildeten die verschiedenen genau arbeitenden Sondermaschinen (für das Ausbohren der Gewehrkammer baute z. B. Root bei Colt in den 50er Jahren vielspindlige Revolverkopfbohrmaschinen), die sich zu festen Typen entwickelten, eine gute Schulung für den amerikanischen Normalmaschinenbau.

Die zweite amerikanische Periode, die um das Jahr 1860 einsetzte, brachte einen raschen Aufstieg zur Höhe der Entwicklung, die etwa im Jahre 1867 (Weltausstellung Paris) erreicht war. Sie findet zuerst ihre Ursache in dem erhöhten Bedarf an Gewehren, deren Herstellung durch das kleiner werdende Kaliber und die Mehrladeeinrichtung (zuerst im Bürgerkrieg 1861 bis 1865 erprobt) schwieriger wurde, ferner in der Entwicklung der Nähmaschinenherstellung, die zwar schon in dem vorhergehenden Jahrzehnt eingesetzt hatte, aber jetzt gewaltig anstieg. Im Jahre 1863 betrug die jährliche Leistungsfähigkeit der zwölf amerikanischen Nähmaschinenfabriken insgesamt 70 000 Maschinen — zu einer Zeit, als in England im ganzen erst 25 000 Stück in Gebrauch waren. Der Einfluß der Nähmaschine veranlaßte die starke konstruktive und fertigungstechnische Einwirkung der Firmen Brown & Sharpe, Pratt & Whitney. Der gleichzeitig auftretende Einfluß von W. Sellers & Co. bildet den einzigen Ausnahmefall von der Regel, daß Amerika nur die kleinen und mittleren Maschinen hoch entwickelte, denn Sellers spezialisierte sich (ebenso wie Bement) von vornherein auf den Eisenbahnbedarf; sein konstruktiver und werkstattstechnischer Einfluß war sehr stark.

Formelement *A* erfuhr eine kräftige Weiterentwicklung im Sinne der Ansprüche 5, 6 und 7. Die Sellers - Drehbank lehnte sich äußerlich, wie auch seine übrigen Maschinen, an den Whitworth - Stil an. Die Erfüllung von Anspruch 1 durch Einführung des lockeren Spindelgewindes und des dahinter sitzenden stramm passenden Zentrierzylinders mit genau senkrecht dazu sitzender Bundfläche durch Sellers wurde schon angedeutet. Seine Drehbänke besaßen ferner genau zentrisch geführten Reitstock, ebensolche Pinole und zweifaches doppeltes Rädervorgelege mit zwei achsial verschiebbaren Rädern auf der Vorgelegewelle. Pratt & Whitney und Andere bildeten die leichte amerikanische Drehbank ohne Kreuzsupport, mit Höheneinstellung des Stahles durch das um einen vorderen wagerechten Drehzapfen mittels einer hinten angebrachten Stellschraube schwenkbare Supportoberteil, rundem verdrehbarem Stichelhaus mit Segmentunterlage, aufklappbarer Dreibackenlünette, Leit- und Zugspindel, feinem Leitspindelgewinde, feingeteilten Zahnrädern und Zahnstange, geschlitzter Unterlegscheibe für die über die Mutter hinwegschiebbaren Wechselräder aus. Den Konusapparat am Drehbanksupport erfand Slate um das Jahr 1865 (Anspruch 4 für kegelige Drehkörper). Seine Einführung wurde dadurch stark begünstigt, daß den amerikanischen Drehbänken der Kreuzsupport und damit die Möglichkeit, kurze Kegel durch Handverschiebung des Oberschlittens zu drehen, fehlte. 1876 zeigten Ferris und Miles die erste Drehbank mit eigentlichem Wechselrädernest, einem Vorläufer der Norton - Schwinge. [Mehrfachgetriebe wurden bereits von Maudslay verwandt; einen Stufenkonus ließ sich Bramah im Jahre 1802 patentieren (Nr. 2652). Diese Getriebe blieben aber ohne Einfluß.] In dieser Periode setzte auch bereits die für die amerikanische Drehbank typisch gewordene weitgehende Spezialisierung ein (Anspruch 6).

Die Robbins & Lawrencesche Revolverdrehbank entwickelten Brown & Sharpe um 1861 unter dem Einfluß der Nähmaschinenfabrikation im Sinne der Ansprüche 4, 5 und 6, vor allem durch die Anbringung der — an sich bekannten — Selbstschaltung des Kopfes, durch die Ausbildung verschiedener Normalgrößen (4 Modelle) und praktische Ausstattungen (Apparate und Werkzeuge). Auch Pratt & Whitney nahmen den Revolverbankbau um die gleiche Zeit auf. Um 1870 bauten

Pratt & Whitney das von Grant erfundene Rädervorgelege auf der Arbeitsspindel mit eingebauter Reibungskupplung. Parkhurst erhielt im Jahre 1871 das amerikanische Patent Nr. 118 481 auf die heute noch unverändert gebräuchliche Konstruktion des Spann- und Vorschubapparates mit Spannpatrone und Vorschub-Sägenzahnstange mit Klinke. — Die automatische Revolverdrehbank wurde unter dem Einfluß der stark beschäftigten amerikanischen Schraubenindustrie erst gegen Ende der zweiten amerikanischen Periode im Sinne des Anspruches 5 entwickelt. Die erste Spencer-Maschine (Hartford-Automat) wurde im Jahre 1873 patentiert (Nr. 143 306) und im folgenden Jahre in Betrieb gesetzt. Ihr eigentlicher Einfluß auf die Fertigung der Formelemente *A* und *C* fällt erst in die dritte Periode.

Ansprüche 2, 3, 5, 6 und 7 in Anwendung auf Formelement *A* (Anspruch 2 vor allem bei gehärteten Teilen) befriedigte die von Brown & Sharpe geschaffene Universalschleifmaschine, die ein rasches lehrenhaltiges Schleifen im Maschinenbau mit der Möglichkeit des Austausches gestattete. Ermöglicht wurde die Ausbildung der Schleifmaschine als vollwertige Bearbeitungsmaschine durch die seit den 60er Jahren eingeführten künstlichen Schmirgelscheiben mit Kautschuk- oder mineralischer Bindung; besonders verbreitet wurden die Scheiben der amerikanischen Tanite Co. seit Anfang der 70er Jahre. Brown & Sharpe begannen mit dem Schleifen von Nähmaschinenteilen im Jahre 1862 und entwarfen im Jahre 1874 ihre vorbildlich gewordene Maschine mit hin- und herbewegtem Werkstücktisch und ruhendem drehbarem Schleifscheibensupport, die zuerst in Philadelphia im Jahre 1876 gezeigt wurde. Pratt & Whitney bauten anfangs der 70er Jahre Schleifapparate mit Trommeldeckenvorgelege, passend zu normalen selbsttätigen Zugspindeldrehbänken.

Eine kräftige Entwicklung zeigte die bis dahin sehr vernachlässigte kleine und mittlere Bohrmaschine während dieser Periode; unter dem Einfluß des von Morse im Jahre 1862 hergestellten und 1863 patentierten (Nr. 38 119) gefrästen Spiralbohrers (gefeilte Spiralbohrer hatte schon Bramah benutzt, und aus Flachstahl gewundene Bohrer des Amerikaners Perkins waren schon um 1820 bekannt geworden, beide schnitten wahrscheinlich schlecht und blieben ziemlich einflußlos). Um 1870 baute Sellers die erste — noch mangelhafte — Spiralbohrerschleifmaschine.

Die äußere Form der amerikanischen Ständerbohrmaschine mit Hohlgußständer und Rundsäule hat Pratt bei der Firma G. S. Lincoln & Co. schon vor 1862 durchkonstruiert. Ansprüche 2, 4, 5, 6 und 7 wurden befriedigt. Vor allem wurde der von der Drehbank her bekannte Spindelkonus anstelle des meist gebräuchlichen Vierkantloches eingeführt (derselbe soll schon vor Morse von Sellers angewandt worden sein). Pratt & Whitney bauten anfangs der 70er Jahre die zum amerikanischen Typ gewordene Bohrmaschine mit rascher Zahnstangenbewegung, ausgewichtetem Bohrspindelschlitten, Antriebskegelrad mit darin verschiebbarer genuteter Bohrspindel, vertikal verstellbarem, hülsenförmigem unteren Bohrspindellager, Achsialdruckring. Die Spindelausführung soll von Bement & Son stammen und seit Mitte der 60er Jahre in Amerika sehr verbreitet gewesen sein. Besonders zweckmäßig war die weitgehende Abstufung der einzelnen Maschinenmodelle. Anfangs der 70er Jahre baute Slate die nachher in Amerika — ein- und mehrspindlig — sehr beliebte Gefühlsbohrmaschine; (die allerdings schon vorher in Europa bekannt, aber noch nicht entwickelt worden war).

Die Bearbeitung des Formelements *B* erfuhr eine starke Förderung durch die Sellersschen Hobelmaschinen (Ansprüche 2, 4 und 5). Seine Schneckenantriebsmaschine[1]) vom Jahre 1860 vereinigte die Vorzüge des Schrauben- und des Zahnstangenantriebes (weicher Gang und guter Wirkungsgrad). Seine Stirnradantriebsmaschine verwandte ein großes Triebrad für die Zahnstange anstelle des bis dahin üblichen kleinen Rades, zwei schmale rasch laufende Riemen mit getrennter Steuerung und positiven gleichmäßigen Vorschub durch eine aussetzend arbeitende Welle.[1]) Auch die später nach Gray benannte Schaltdose für die bequeme Steuerung mehrerer Supporte in vertikaler und horizontaler Richtung nach rechts und links soll von Sellers stammen. Die Sellers-Maschine arbeitete ruhig, schonte die Riemen, ergab hohe Rücklaufgeschwindigkeit und sauberen Schnitt. — Die Flachschleifmaschinen entstanden in Amerika in den 70er Jahren; sie gestatteten bei gehärteten Teilen die Erfüllung von Anspruch 2, im übrigen befriedigten sie die Ansprüche 3 und 4.

Für Formelement *C* war die Aufnahme des von Frankreich her seit den 40er Jahren bekannt gewordenen, aber in Europa

[1]) Vgl. oben unter Bodmer.

unbeachtet gebliebenen einteiligen Schneideisens mit Spannuten bedeutungsvoll, das sich in den 60er Jahren veröffentlicht findet. — Ferner schuf Sellers unter Befriedigung der Ansprüche 2, 4, 5 und 6 seine zuerst auf der Londoner Ausstellung im Jahre 1862 gezeigte, vorbildlich gewordene, Bolzen- und Mutternschneidmaschine. Das in der in nur einer Richtung umlaufenden, nicht achsial verschobenen Arbeitsspindel sitzende Schneidzeug bestand aus drei schmalen richtig schneidenden Backen, die durch Exzenterkurven von Hand vor- und zurückbewegt wurden und infolge ihres konischen Anschnittes das ganze Gewinde in einem Schnitt fertigstellten, was vorher nicht möglich war. — Im Jahre 1864 schlug Sellers sein Gewindesystem zur Einführung vor, auf dem sich später das in Amerika weit verbreitete U. S. St.-Gewinde aufbaute.

Die für die Verbreitung des Fräsens unregelmäßiger Flächen (Formelement D) wichtigste Maschine, die Brown & Sharpesche Universalfräsmaschine, wurde im Jahre 1861 gebaut und im folgenden Jahre öffentlich bekannt. (2 Vorläuferinnen aus den 50er Jahren von Pratt und Howe, beide mit lotrechter, drehbarer und vertikal verstellbarer Tragspindel für das Werkstück, blieben Einzelerscheinungen.) Ihre Entstehung war dem Bedürfnis nach einem maschinellen Herstellungsverfahren für Spiralbohrer zu verdanken, die bis dahin gefeilt wurden. Die Maschine erfüllte die Ansprüche 3, 4, 5, 6, 7; sie wies alle wichtigen Kennzeichen der heutigen Universalfräsmaschinen auf: Tisch mit drehbarem festklemmbarem Unterschlitten und Antrieb durch Kreuzgelenkwelle, Universalteilkopf mit Schraubenbewegung durch Wechselradverbindung mit der Tischspindel, Indexscheibe mit kuppelbarer Sperrstiftkurbel, Schrägstellbarkeit, Reitstock usw. Der Ersatz der Gegenspitze des Fräsdorns durch einen zylindrischen Zapfen mit Buchse (später von Brown & Sharpe ausgeführt) und die bis zur Fußplatte der Maschine durchgehende Fräsdornabstützung (später von Kempsmith übernommen) (Ansprüche 2 und 4) erfand Sweet im Jahre 1864. Die im Jahre 1873 in Wien gezeigten Brown & Sharpe-Universalfräsmaschinen besaßen 2 Klemmzeiger an der Teilscheibe des Universalteilkopfes für das bequeme und sichere wiederholte Teilen der gleichen Lochzahl. Größere Maschinen mit Rädervorgelege und rundem Gegenhalter für den Fräsdorn, ohne Achsialverschiebung, mit Hülsenführung des

Gegenspitzentragarms bauten Brown & Sharpe im Jahre 1875. Zu der Entwicklung und Verbreitung der Maschinen trug vor allem der hinterdrehte Fräser bei, auf den Brown & Sharpe das amerikanische Patent Nr. 45 294 vom Jahre 1864 erhielten. Um 1870 tauchen Vertikalfräsmaschinen auf (Ansprüche 5 und 6).

Die Herstellung von Formelement *E*, soweit es sich um Stirnräder handelt, gelangte unter Erfüllung der Ansprüche 2 und 4 auf ihren Höhepunkt durch die Sellerssche erste vollständig selbsttätig arbeitende Räderfräsmaschine vom Jahre 1867. Die Radachse war horizontal, die Fräserachse vertikal angeordnet. Die Maschine lieferte Räder mit einem Zahnspiel $= {}^1/_{100}$ Teilung und leistete $1^1/_2$ mal so viel als eine Maschine mit Handteilung, außerdem konnte ein Arbeiter vier Maschinen gleichzeitig bedienen. Im Jahre 1876 zeigten Bement & Son in Philadelphia ihre die Ansprüche 6 und 7 erfüllende Maschine, die für die Form der modernen selbsttätigen Räderfräsmaschine maßgebend wurde. Die Radachse war horizontal, die Fräserachse ebenso, und zwar unterhalb der vorigen angeordnet; das zu fräsende Rad war noch fliegend aufgespannt. Der Brown & Sharpesche hinterdrehte Zahnformfräser mit Evolventenform in 8- und 15-teiligen Sätzen war besonders bedeutungsvoll für die Entwicklung der Zahnradbearbeitung während dieses Zeitraums. Damals in den 60er Jahren war die Verwendung geschnittener Räder in Amerika viel verbreiteter als in Europa.

Die dritte amerikanische Periode, die vom Jahre 1876, der Ausstellung in Philadelphia, gerechnet werden kann, schuf für die meisten Maschinen nur noch Verbesserungen im Sinne der Ansprüche 4 und 5, seltener sprach Anspruch 2 mit. Auch Anspruch 7 setzte sich stärker durch als bei dem raschen Entwicklungsgange der vorigen Perioden möglich gewesen war. Diese Periode ist durch die für Amerika typisch gewordene Fabrikationsspezialisierung mit Cincinnati als Zentrum gekennzeichnet.

Formelement *A*: Die Drehbank erhielt im Jahre 1881 Vorschubräderkasten mit Ziehkeilkupplung (durch Sweet); im Jahre 1892 ließ sich W. P. Norton durch das amerikanische Patent Nr. 470 591 seinen vorbildlich gewordenen Räderkonus mit Schwingrad schützen. Die Stufenräder wurden stark durch den in den 90er Jahren einsetzenden elektrischen Einzelantrieb beeinflußt. Weiter erhielt die Drehbank um das Jahr 1890 (unter dem Einfluß der Tieflochbohrer) allgemein gebohrte Arbeitsspindel, so daß sie Stangenmaterial aufnehmen konnte. Die Kupplung zwischen Stufenscheibe und großem Antriebsstirnrad erfolgte durch Federbolzen. Das Dreierherz für Rechts- und Linksgang des Supports wurde für bessere Bänke durch das überlegene Viererherz ersetzt. In den 90er Jahren erfolgten keine nennenswerten Verbesserungen der Drehbank mehr; die Entwicklung ihrer Hauptteile war abgeschlossen, bis sie dann durch den Schnelldrehstahl neue Anregungen empfing.

Die Revolverdrehbank erhielt Festspannung des Kopfes durch Handhebel und damit erhöhte Arbeitsgenauigkeit und -leistung. Im Jahre 1881 erhielt Horton das amerikanische Patent Nr. 247 352 auf einen flachen Tellerkopf, den Hartness vom Jahre 1889 an bei der Firma Jones & Lamson ausführte; diese Firma brachte anscheinend zum erstenmal einstellbare Anschläge für jedes Kopfloch an. Schwere Revolverbänke treten gegen Ende der 80er Jahre auf; durch die Weltausstellung in Chicago 1893 wurde die schwere Gisholt-Bank mit Schrägkopf bekannt. Um 1890 schufen Jones & Lamson das erste Reibrollenfutter zum selbsttätigen Vorschub des Stangenmaterials. — Das Vertikaldrehwerk (Karussell) wurde in den 80er Jahren mit Revolverkopf ausgestattet (Bohr- und Drehwerk) und als kleines Modell als ausgesprochene Nabenlochbohrmaschine gebaut (Brown & Sharpe, Bullard).

Der Hartford-Automat entwickelte sich im Sinne der Ansprüche 4, 6 und 7. Die Steuerwelle wurde unter die Arbeitsspindel gelegt, die Leerzeiten durch zeitweilig beschleunigte Drehung der Steuerwelle mittels Wechselgetriebes verkürzt. Für einfache Arbeitsstücke entstand der Fassonautomat ohne Revolverkopf und ohne Umschaltung des Arbeitsspindeldrehsinnes. Der Brown & Sharpe-Automat entwickelte sich aus der Worsley-Maschine (amerikanisches Patent Nr. 232 869 vom Jahre 1880) und wurde Ende der 80er Jahre gebaut. Seine grundsätzliche Neuerung war die rasch laufende, für die Ausführung der verschiedenen Bewegungen jeweils eingeschaltete und eine volle Umdrehung ausführende Hilfssteuerwelle; der um eine horizontale Achse schaltende Revolverkopf war nicht neu. Ihre heutige Bauart erhielt die Maschine durch die im amerikanischen Patent Nr. 604 306 vom Jahre 1896 (Davenport) beschriebenen Verbesserungen. — Der Cleveland-Automat mit horizontalem, gleichachsig zur Arbeitsspindel angeordnetem Trommelrevolverkopf entstand um das Jahr 1890 und entwickelte sich besonders unter dem Einfluß der Fahrradhochkonjunktur der 90er Jahre. — Weitere amerikanische Verbesserungen an Automaten betrafen: Reibungsantrieb des Revolverkopfvorschubes mit Regelung durch die Steuerwelle, zentrale Ölzufuhr zu den Bohrwerkzeugen, Sonderausstattungen zum Schlitzen, Abstechen und Gewindeschneiden, Anwendung des Magazins auf die selbsttätige Zufuhr von Gußstücken, breite Formstähle (gerade und rund), vervollkommnete Kastenwerkzeuge und selbstöffnende Gewindeschneidköpfe. — Die Mehrspindelautomaten waren im Prinzip zwar schon bekannt, wurden aber erst anfangs der 90er Jahre durch die Acme Manufacturing Co. entwickelt.

Die Rundschleifmaschine erhielt eine starke Anregung durch die Erfindung des Karborundums durch den Amerikaner Acheson im Jahre 1891. Das Rundschleifen war anfangs der 90er Jahre in guten amerikanischen Werken zur üblichen Fertigbearbeitung geworden. Landis baute seine Rundschleifmaschinen mit hin- und hergehendem Schleifscheibensupport im Jahre 1889, ohne damit bei den leichten Modellen einen konstruktiven Vorteil zu erzielen. Die schwere Rundschleifmaschine blieb dem neuen Jahrhundert vorbehalten. (Gründung der Norton Grinding Co. im Jahre 1900.)

Die Bohrmaschine erfüllte die Ansprüche 2 und 4 in stärkerem Maße als vorher durch das um 1890 von Lodge und Davis zuerst verwandte Achsialdruckkugellager, dem Anspruch 4 kam der im letzten Jahrzehnt aufkommende positive Vorschub mit Ziehkeilschaltung entgegen. Im letzten Jahrzehnt erfolgte die Einführung des (für die Gewehrlaufbohrerei schon seit längerer Zeit bekannten) Tieflochbohrers mit Spanrinne und Ölkanal in den Fahradbau (Nabe) und weiter in den Maschinenbau (hohle Arbeitsspindeln).

Die Hobelmaschine — Formelement *B* — wurde nur im Sinne der Ansprüche 4 und 5 vervollkommnet; um wichtige Elemente handelte es sich dabei nicht. Die Bauart wurde schwerer, elektrischer Einzelantrieb wurde versucht, die Arbeitsgeschwindigkeit durch zweistufige Antriebsscheibe auf dem Deckenvorgelege veränderlich gemacht, für die Scheibe an der Maschine wurde eine Aluminiumlegierung benutzt, rasche Hubbewegung für den Querbalken eingeführt, und die Anzahl der Supporte wurde vermehrt. Für den Vorschub gelangte die (schon in der ersten amerikanischen Periode auftauchende) Vertikalzahnstange zur Anwendung. — Die Flachschleifmaschine wurde durch Brown & Sharpe im Sinne der Ansprüche 5, 6 und 7 vervollkommnet.

Für das Formelement *C* gilt das für die automatische Drehbank ausgeführte. Als weitere Verbesserung ist die Gewindeschneidbackenform der Firma Sternbergh & Son nennenswert: tangential stehende Backen mit Gewindeformrippen in den breiten Seitenflächen. Dieselben wurden im Jahre 1889 auf der Weltausstellung in Paris gezeigt und später von der Landis - Bolzenschneidmaschine aufgenommen, sie war übrigens schon im Jahre 1883 durch D. R. P. Nr. 28 091 einem Belgier geschützt worden.

Für die der Bearbeitung der Formelemente *B* und *D* dienende Fräsmaschine war zum Teil Anspruch 4, hauptsächlich aber 5 maßgebend. Die Entwicklung stand besonders unter dem Einfluß der Fahrradfabrikation der 90er Jahre. Die Verbesserungen betrafen: achsial verschiebbaren Gegenhalter, Abstützung des Gegenhalters durch scherenartige Streben, durchbohrte Frässpindel mit Anzugbolzen für den Dorn, von der Spindelgeschwindigkeit unabhängige Tischvorschübe, selbsttätige Ausrückung der Handräder nach Einstellung, Ersatz der Kreuzgelenke durch Kugelgelenke, aufspannbaren drehbaren Fräsapparat, Ölpumpe. Äußerlich wurden die in Philadelphia noch größtenteils sehr häßlichen Formen der amerikanischen Fräsmaschine mehr und mehr dem guten Brown & Sharpeschen ersten Vorbild angepaßt. — Die Rundfräsmaschine wurde um 1890 im Sinne der Ansprüche 5 und 6 entwickelt.

Für Formelement *E* war diese Periode bedeutungsvoll durch die Ansprüche des Elektromotors, der elektrisch betriebenen Krankatzen, des Fahrrads und des Automobils. Die im Jahre 1884 gebaute Bilgram - Maschine diente zuerst zum Wälzhobeln richtiger Kegelräder (Anspruch 2). Fellows' Wälzstoßmaschine für Stirnräder mit zahnradförmigem Hobelwerkzeug wurde im Jahre 1896 erfunden (D. R. P. Nr. 101 716 vom Jahre 1897), die aus dem Bedürfnis des Fahrradbaues entstandene Warrensche Abwälzfräsmaschine für Kegelräder im Jahre 1895 durch D. R. P. Nr. 89 644 geschützt. Die Gleason - Hobelmaschine wurde durch die Pariser Weltausstellung im Jahre 1900 bekannt.

Die normale Stirnräderfräsmaschine mit Formfräser nahm nach den Ansprüchen 6 und 7 endgültige Formen an. Stirn- und Schraubenrad-Abwälzmaschinen wurden mehrfach gebaut (Grant baute die im Jahre 1889 in Amerika patentierte erste dortige Abwälzfräsmaschine), aber ohne großen Erfolg.

Die amerikanischen Sondermaschinen für den Fahrradbau blieben, soweit sie sich nicht zu Normalmaschinen entwickelten und als solche erwähnt wurden, ohne allgemeinen Einfluß.

Der deutsche Werkzeugmaschinenbau kam trotz seiner bemerkenswerten Entwicklung während der ersten Periode nicht dazu, über das englische Vorbild hinauszuwachsen. Der Vorsprung der durch politische, wirtschaftliche, patentrechtliche und technische Verhältnisse gewaltig bevorzugten britischen Konkurrenzindustrie war zu groß, als daß der jungen deutschen Industrie etwas anderes zu tun blieb als ihr nachzustreben. Das wurde zunächst durch den Mangel an Vorbildern, an gelernten Arbeitern und an guten Baustoffen sehr erschwert. Für Primärmaschinen war vorerst wenig Bedarf; Kapital, Interesse, gute Patentgesetze, staatliche Unterstützung (außer der rein belehrenden) fehlten. Nachdem endlich eine einheimische Primärindustrie geschaffen war, konzentrierte sich angesichts der verhältnismäßigen Armut an Bodenschätzen das Hauptinteresse auf die krafterzeugenden Maschinen; die Arbeitskräfte, deren Seltenheit den amerikanischen Werkzeugmaschinenbau befruchtete, waren billig. Neuartige Primärmaschinen waren nicht zu erzeugen, auch diese lehnten sich durchweg an englische Modelle an. Die einzige Massenfertigung, die Gewehrfabrikation, wurde vorwiegend handwerksmäßig betrieben. Von Einfluß waren die Schwerindustrie, der Bergbau und der Eisenbahnbau. Damit ergab sich der Whitworth-Stil von selbst. Bis in die 50er Jahre blieb der deutsche Werkzeugmaschinenbau unbedeutend, dann wurde Chemnitz, wo die eingesessene Textilindustrie einen verhältnismäßig entwickelten Maschinenbau hervorgerufen hatte, ihr weitaus wichtigster Mittelpunkt (auch hier also wieder, wie in England und Amerika, die örtliche Konzentration). Zu einer über die Vorbilder hinausgehenden Erfüllung der 7 Ansprüche fehlte es an hinreichendem Anlaß, an Geld und Zeit. Nur auf dem Gebiete des Formelements *E*, das als das der wissenschaftlichen

Behandlung dankbarste Gebiet erschien, erfolgte eine gewisse Förderung. Der Ausbau der Verzahnungs- und Festigkeitstheorieen erfolgte durch Reuleaux und andere deutsche Gelehrte (Anspruch 1). Pfaff in Tryberg (veröffentlicht 1839) gab ein Verfahren zum Abwälzfräsen von Stirnrädern mittels eines schraubenförmigen Fräsers an; die Drehung des Radkörpers erfolgte direkt durch die Fräserzähne, der große Fräserdurchmesser machte eine Schräglage der Fräserachse entbehrlich (Anspruch 4). Ob das Verfahren ausgeführt wurde, erscheint fraglich. Zahnradhobelmaschinen mit Schablone von Zimmermann und Riedinger genossen Ruf, boten aber nichts wesentlich Neues gegenüber den englischen Vorbildern.

Die zweite deutsche Periode war noch bedeutend unfruchtbarer. Sie empfing neue Vorbilder, die amerikanischen, wurde aber größtenteils durch eine so schwere wirtschaftliche Krise ausgefüllt, daß an eine Vervollkommnung dieser Vorbilder oder an das Schaffen von Originalmodellen nicht gedacht werden konnte. An Primärmaschinen lagen um 1870 die gleichen massenhaft herzustellenden Gegenstände vor, wie sie den amerikanischen Werkzeugmaschinenbau befruchtet hatten, das Gewehr und die Nähmaschine. Eine Übertrumpfung der amerikanischen Konstruktionen erschien angesichts der Schnelligkeit der im Jahre 1871 einsetzenden Neubewaffnung des deutschen Heeres und der Entwicklungshöhe der amerikanischen Nähmaschinenindustrie und -ausfuhr einerseits, der überragenden Eignung der amerikanischen Vorbilder für Massenfertigung andererseits aussichtslos. Zu erwähnen ist nur die vom Jahre 1875 an gebaute Billeter-Einpilasterhobelmaschine mit rundem Ständer (Formelement *B*), welche die Ansprüche 4, 5, 6 und 7 für ihren Sonderzweck — sperrige Arbeitsstücke — erfüllte.

Erst die dritte Periode zeigt den deutschen Werkzeugmaschinenbau auf allmählich selbständiger werdenden Wegen, zuerst noch kaum merklich, vom Jahre 1890 ab deutlich wahrnehmbar. Die in den 80er Jahren aufblühende deutsche Maschinenindustrie wirkt stark belebend.

Für die Formelemente *A* und *C* entwickelte sich die Revolverdrehbank mit horizontal gelagertem Trommelkopf nach dem erwähnten amerikanischen Vorbild von Fitch, der schon 1868 von Hamann in Berlin gebaut wurde. Die Maschine bürgerte sich wegen der großen Anzahl der unterzubringenden Werkzeuge (Anspruch 4) besonders in feinmechanischen Werkstätten ein. Später (um 1876) ermöglichte Kärger durch Tieferlegung der Revolverkopfachse die Ausführung von Plan- und Abstecharbeiten unter Drehbewegung des Kopfes; diese Bauart wurde um 1890 von Pittler (später auch von anderen Firmen) übernommen und weiterentwickelt. Gleichfalls um das Jahr 1876 entwickelte Max Hasse seinen horizontal gelagerten Revolverkopf auf dem Drehbankquersupport (D. R. P. Nr. 3765 vom Jahre 1878). Durch das D. R. P. Nr. 46 525 vom Jahre 1888 erhielt Lorenz einen grundsätzlichen Schutz auf den nach links geneigten Revolverkopf, Boley ließ sich durch D. R. P. Nr. 35 760 vom Jahre 1885 die auf beiden Seiten kegelig verjüngte und dadurch besser spannende Spannpatrone und die Abstützung der Kopfwerkzeuge auf dem Bett, Pittler durch D. R. P. Nr. 85 950 vom Jahre 1885 sein Keilspannfutter schützen. Diese Verbesserungen fallen unter die Ansprüche 2, 4 und 5. — Bei Automaten ersetzte die Firma Loewe (D. R. P. Nr. 99 715 vom Jahre 1897) die volle Kopfumschaltung durch ein Hin- und Herpendeln des Kopfes für den Fall, daß weniger Werkzeuge benötigt wurden als die Kopflochzahl beträgt (Anspruch 4). Zur raschen Erzeugung des Formelements *C* wurde das Überholgetriebe (D. R. P. Nr. 67 149 vom Jahre 1892) erfunden, welches die Umschaltung des Spindeldrehsinnes ersparte (Anspruch 4). Mehrspindelautomaten wurden in den 70er und 80er Jahren geschützt, aber nicht weiter entwickelt.

Die Rundschleifmaschinen verbesserte Reinecker (D. R. P. Nr. 54 625 vom Jahre 1890) im Sinne von Anspruch 2, durch den Stahlbandantrieb des Tisches. Collet und Engelhardt erhielten im Jahre 1893 das D. R. P. Nr. 77 923 auf Innenschleifmaschinen mit Planetenbewegung (Anspruch 2, 5 und 6), die Vereinigten Schmirgel- und Maschinenfabriken A.-G. in Hannover im Jahre 1898 das D. R. P. Nr. 110 446 auf einen Gewichtsausgleich für die vertikale Schleifspindel von Kolbenringschleifmaschinen durch Federn.

Nicht unbeträchtlich waren die deutschen Verbesserungen der Fräsmaschinen, die den Formelementen *A* und *D* zugute kamen und in der Hauptsache Ansprüche 4 und 5 betrafen. Die Fräserei blieb zwar in den 70er Jahren in der Hauptsache auf Waffen-

und Nähmaschinenteile beschränkt und drang erst in den 90er Jahren, populär geworden durch die Fahrradfertigung, in den allgemeinen Maschinenbau ein. In diesem Jahrzehnt erfolgten dann wertvolle Verbesserungen, besonders durch Reinecker. Diese Firma erhielt im Jahre 1892 das D. R. P. Nr. 66 582 auf raschen Tischrücklauf, einige Jahre später schuf sie die Fräsdornbefestigung durch Differentialgewinde, und im Jahre 1896 den Tischantrieb durch kurze Schnecke und eine über die ganze Länge des Frässchlittens sich erstreckende schalenförmige Halbmutter (D. R. P. Nr. 91 626). Fritz Werner erhielt im Jahre 1899 das D. R. P. Nr. 111 196 für die Sicherung des Fräsers gegen Bruch bei Handvorschub. Von besonderer Bedeutung war die Entwicklung der Herstellung hinterdrehter Fräser. Unrunddrehbänke wurden in den 70er Jahren mehrfach patentiert, wurden dann aber überholt durch die Reineckersche Hinterdrehbank mit zentraler Antriebkurve für beliebigen Hinterdrehwinkel, die seitliches Hinterdrehen gestattete (D. R. P. Nr. 23 373 vom Jahre 1882 und 54 070 vom Jahre 1890), und Formlineal zum Hinterdrehen langer Profile (D. R. P. Nr. 70 751 vom Jahre 1893 und Nr. 79 036 vom Jahre 1894).

In der Zahnradbearbeitung (Formelement *E*) machte sich Reinecker hervorragend verdient durch die Entwicklung der amerikanischen Bilgram-Maschine und die Bearbeitung von Schneckenrädern durch den in den 80er Jahren erfundenen hinterdrehten Schneckenradfräser, ferner durch das originelle Verfahren, einen, einem Gewindebohrer ähnlichen, langen Fräser achsial vorzuschieben (D. R. P. 81 418 vom Jahre 1894). Die ersten wirklich brauchbaren Abwälzfräsmaschinen für Stirnräder baute Reinecker vom Jahre 1894 ab; Pfauter stellte seine sehr gut durchgearbeitete Abwälzmaschine für Stirn- und Schraubenräder vom Jahre 1896 ab her; er übertrug das bei der alten Brown & Sharpeschen Stirnräderfräsmaschine verwandte Differentialgetriebe auf seine Abwälzmaschine zur Erzeugung einer voreilenden Relativbewegung (D. R. P. Nr. 112 082 vom Jahre 1897).

Von anderen Ländern ist, soweit Einzelnes nicht schon im vorstehenden Text aufgeführt wurde, zu erwähnen:

Frankreich. Dieses Land wurde durch die Revolutionszeit und die Napoleonischen Kriege in der Entwicklung seiner mechanischen Industrie, darunter seiner erfolgreichen mechanischen

Metallbearbeitung (Feinmechanik) unterbrochen. Im großen ganzen kommen die französischen Erfindungen des 19. Jahrhunderts für die industrielle Entwicklung wenig in Betracht. An Erfindungen dieses Zeitraumes verdienen Erwähnung:

Die Ständerfräsmaschine von Paul (veröffentlicht 1847), die Fischer als erste Fräsmaschine für allgemeine Zwecke anspricht. Das Konsol besaß die moderne vertikale Verstellbarkeit von Hand oder selbsttätig; die Bewegungen des Kreuzschlittens erfolgten von Hand durch Schraubenspindeln. Ob die in den 50er Jahren in Deutschland und England gebauten ähnlichen Maschinen auf diesem französischen Vorbilde fußten, oder ob gleichzeitige oder ältere englische Modelle vorlagen, ist nicht feststellbar. Gefräste, nicht hinterdrehte Fräser wurden in den 60er und 70er Jahren in großen Mengen von der französischen Sonderfirma Bariquand et fils hergestellt. Im Jahre 1857 erfand der Franzose Deplanque die durch Kautschuk gebundenen künstlichen Schmirgelscheiben.

In Schweden soll Bolinder um das Jahr 1858 die Seitenhobelmaschine in Form einer Horizontalstoßmaschine mit längsbewegtem Werkzeugsupport und zwei am Maschinenkörper angehängten Aufspanntischen gebaut haben (Anspruch 1 für sperrige lange Werkstücke). — Die Maschine taucht übrigens einige Jahre später als „System Whitworth" in der Literatur auf.

2. Die Hauptmaschinenelemente (Spindellagerungen und Geradführungen).

Die Genauigkeit und Spanleistung der Werkzeugmaschinen hängt in erster Linie von der Qualität ihrer beiden wichtigsten Elemente, der Spindellagerung und der Geradführung, ab (Ansprüche 2 und 4).

Kaum bei einem anderen Element der Werkzeugmaschinen blieben die Meinungen während des hier behandelten Zeitraumes noch so einander widerstrebend wie bei den Spindellagern; eindeutige Anschauungen herrschten weder über die zylindrische und konische Lagerform noch über das Material der Lagerbuchsen; die verschiedensten Lagerformen, Nachstellungsmittel und Baustoffe blieben nebeneinander bestehen.

Die auswechselbare metallische ungeteilte Lagerschale findet sich schon im 18. Jahrhundert; die Vorteile der innen konischen

Schale, durch einfache achsiale Verstellung der Arbeitsspindel (die mittels der den Achsialdruck aufnehmenden Schwanzschraube in einfachster Art ausgeführt wurde) radial ausgerichtet zu werden, nach dem Ausrichten innen wieder voll anzuliegen und mit ihrer Außenzylinderfläche stets voll in der Lagerbohrung des Maschinenständers aufzuliegen, wurden schon im 17. Jahrhundert ausgenutzt. Maudslay verwandte bei seinen kleinen Bänken die naheliegendste Ausführung dieses Konstruktionsgedankens, die nach vorn verjüngte vordere Lagerstelle; als hinteres Lager diente die Achsialdruckspitze. Größere Maudslaysche Bänke besaßen zylindrische Vorderlager mit geteilten Schalen und konisches Hinterlager (aufgesetzter kegeliger Laufring); die Laufstellen und Schalen waren gehärtet. Die nach vorn verjüngte Lagerstelle klemmte die Spindel bei Erwärmung fest und schwächte die Spindel an ihrer höchstbelasteten Stelle, sie kam deshalb später nur noch selten vor. Die zweite Maudslay-Lagerung vermied dies und trennte außerdem die radiale Nachstellung von der achsialen, sie beeinflußte deshalb die spätere Entwicklung stark.

In den 20er Jahren liefen kleine Spindeln mit gehärteten Lagerstellen in gehärteten Schalen (geschlossene Lager), größere, ebenso gelagerte Spindeln besaßen aufgesetzte harte stählerne Laufstellen, oder — seltener — sie liefen mit zylindrischen Zapfen in außen rechteckigen längsgeteilten Rotgußschalen, die mit 2 Deckelschrauben angezogen wurden (offene Lager). Die Achsialdruckaufnahme erfolgte durchweg mit Schwanzschraube. Sonderkonstruktionen, wie die von Fox, blieben einflußlos. Der Amerikaner Perkins goß im Jahre 1823 schwere Spindellager mit Zinn aus, und sein Landsmann Babbitt erhielt im Jahre 1839 ein Patent auf Lagerschalen aus einer Zinnlegierung. Direkt um die Spindeln gegossene Zinnschalen finden sich später vielfach bei billigen amerikanischen Maschinen. Im Einsatz gehärtete Lagerstellen werden in den 50er Jahren erwähnt. Der Ersatz der Schwanzschraube durch den Achsialdruckring erfolgte durch Whitworth, anscheinend schon an seiner ersten Drehbank aus dem Jahre 1835; beide Lagerstellen waren konisch, die Hülsen gehärtet, der hintere Spindelhals trug eine nach vorn verjüngte konische Laufhülse, die durch eine Mutter nach vorn in ihre Lagerbuchse geschoben wurde; der Achsialdruckring war mit der Spindel verbolzt und legte sich gegen die vordere Stirnfläche der hinteren Lagerschale. Diese Lagerung gestattete, radiales und achsiales Spiel nur durch Nacharbeiten des Druckringes und darauf folgendes Anziehen der Mutter auszugleichen. Whitworths Spindeln und Buchsen waren zwar sehr genau und lange haltbar, sobald aber doch einmal eine Nachstellung erforderlich wurde, war ihre Behandlung schwierig. Die Bauart besaß auch noch andere Mängel. Trotzdem wurde diese „Manchester"-Lagerung in England und Deutschland sehr beliebt, sie findet sich vielfach bis in die 90er Jahre. Den verstellbaren Achsialdruckring hat den Quellen nach zuerst die Firma Smith & Coventry ausgeführt. Um 1860 saßen die den Achsialdruck aufnehmenden Stellmuttern entweder hinter dem Hinter- oder dem Vorderlager; nebenher blieb die Schwanzschraube noch so lange in Gebrauch, als das Schneiden des genauen Stellmuttergewindes Schwierigkeiten machte, und so lange man ihrer Reibungsersparnis übergroße Bedeutung beimaß. Auf der Ausstellung in Philadelphia im Jahre 1876 besaßen alle Drehbänke außer denen von Sellers Schwanzschraube. Nach Berichten der 60er Jahre ließ die Genauigkeit der Spindellagerungen damals auch in guten englischen Fabriken sehr zu wünschen übrig. Gute Konuslagerungen baute z. B. die Firma Wohlenberg in Hannover (D. R. P. Nr. 16474 vom Jahre 1881).

Die Anwendung der Antifriktionskurve (Schiele - Kurve) in angenäherter Form, d. h. als Doppelkonus (schlanker Laufkonus und steiler Achsialdruckkonus) auf die Spindellagerung stammt von dem Engländer Holtzapffel (30er oder 40er Jahre). Trotz der mangelhaften Nachstellbarkeit bei ungleicher Abnutzung beider Konen wurde diese Lagerung später von Brown & Sharpe für kleine raschlaufende Spindeln ohne großen Achsialdruck vielfach ausgeführt und zwar in Verbindung mit gehärteten Gußstahlbuchsen.

In Amerika wurde das geschlossene zylindrische Lager dem englischen Konuslager immer mehr vorgezogen. Dingler berichtet schon 1827 von einer Drehbank der Firma Mason & Tyler in Philadelphia mit zylindrischem Vorderlagerzapfen und außen konischer Buchse, die der Quelle nach absolut genau (!?) zentrieren sollten. Die Quelle läßt allerdings eine Anzieheinrichtung des Konus zum Zwecke der Nachstellung des Zylinderzapfens nicht erkennen, doch ist ein Zweck derselben ohne eine solche Einrichtung nicht zu ersehen. Die zylindrische Lagerung kam wohl der amerikanischen Vorliebe für dünne Arbeitsspindeln entgegen, deren Durchmesser (nach „Engineering" 1876) nur halb so groß war als der englischer Spindeln. Sellers verwandte um 1870 zylindrische Lagerhülsen, die einmal der Länge nach durchgeschlitzt waren und durch die Deckelschrauben zusammengeklemmt wurden. Das geschlossene zylindrische Lager taucht in den 60er Jahren an Brown & Sharpeschen Revolverdrehbänken auf. Die 70er und 80er Jahre bringen mehrere ähnliche Ausführungen. Die spätere Bauart (Lagerschale, einmal ganz durchschlitzt und zweimal eingeschlitzt) wurde anfangs der 90er Jahre von Brown & Sharpe, Falkenau und anderen amerikanischen Firmen vielfach ausgeführt und fand auch in Deutschland viel Anklang.

Die ältesten Geradführungen sind Λ-förmig und offen. Solange es keine Hobelmaschinen gab, mußte die Anzahl der zu bearbeitenden Führungsebenen möglichst beschränkt werden, das Dachprisma auf der einen, die horizontale Flachführung auf der anderen Seite boten die geringstmögliche Flächenzahl. Zur Sicherung der Führung genügte angesichts der dünnen Späne das Gewicht des Supports und der Stahldruck. Maudslays erste Drehbank (um 1797) hatte zwei dachförmige Primen mit einem Scheitelwinkel von etwa 30°; seine Drehbank vom Jahre 1800 besaß Flachführungen und zwar anscheinend offene. Fox führte in den 20er Jahren getrennte Führungen für den Support und für Spindel- und Reitstock ein. Außerdem ersetzte er die offene Führung durch eine geschlossene. Die für später vorbildlich gebliebene geschlossene englische Flachführung verwandte Whitworth an seiner ersten Drehbank aus dem Jahre 1835 (mit nach unten zueinander laufenden Abschrägungen der äußeren Schmalkanten des Bettes).

Die ersten Hobelmaschinen zeigten die von den Drehbänken übernommene, aus dem Bett herausstehende Λ-Prismaführung. Die hohle V-Prismaführung, wie sie vorbildlich wurde, zeigen zuerst Bodmersche und Whitworthsche Hobelmaschinenpatente aus dem Jahre 1839. Die Scheitelwinkel des Dachprismas der Drehbänke und Hobelmaschinen waren noch bei Whitworth sehr klein, wurden dann aber allmählich vergrößert, um die Reibung zu verringern; die dadurch vermehrte

Entgleisungsgefahr verkleinerte Sellers durch seitlich erhöhte Ränder der Bettführungsnuten seiner Hobelmaschinen.

Für Drehbänke bevorzugten die Amerikaner außer Sellers (der sich im Jahre 1869 zur Flachführung bekannte) das offene Λ-Prisma und zwar unter Sicherung durch ein an den Support angehängtes Gewicht. Diese Ausführung zeigen schon amerikanische Drehbänke der 40er Jahre, und sie erhielt sich für kleinere Bänke bis zum Ende des Jahrhunderts. Größere amerikanische Λ-Prismensupporte erhielten zur Aufnahme der besonders beim Ausbohren mit vorragender Bohrstange auftretenden Kippmomente und zur Ermöglichung von Querrippen im Bett Gegenleisten an Stelle des Supportgewichtes, womit natürlich einige der Hauptvorzüge des Dachprismas (vor allem die verringerte Reibung und das rasche und bequeme Aufbringen von Spindelkasten, Reitstock und Support) in Fortfall kamen. In den 70er und 80er Jahren gingen mehrere amerikanische Firmen dazu über, das Λ-Prisma auf der einen Seite durch eine flache Horizontalführung zu ersetzen. Auf der Ausstellung in Philadelphia im Jahre 1876 war Sellers der einzige Amerikaner, der Drehbänke mit Flachführung zeigte; die genaue zentrische Lage des Reitstocks ermöglichte er dadurch, daß er diesen nur durch die vordere vertikale Wangeninnenfläche führen ließ und ihn mit Gegenplatte unter Vermittlung einer an der hinteren Wange nach unten ragenden V-Führung gegen diese Fläche anpreßte.

Die ältesten bekannten Schlittenführungen, die des 1785 veröffentlichten französischen Kreuzsupports, besitzen schwalbenschwanzförmige Schlittenfüße mit durch horizontale Druckschrauben angestellten Beistelleisten. Diese Ausführung findet sich bei den alten Werkzeugsupporten fast durchweg. In den 20er Jahren finden sich dünne Führungsleisten, die nicht mehr verschoben (angestellt), sondern durchgebogen wurden. Auch Stoß- und Fräsmaschinenschlitten sowie Hobelmaschinenquerbalken besaßen zuerst schwalbenschwanzförmige Füße, diese wurden dann aber mit wachsender Schwere der Maschinen (etwa seit den 50er Jahren) vielfach durch rechteckige Prismen ersetzt. Die Beistellung durch die in Längsrichtung des Schlittens angezogene Keilleiste findet sich (nach Fischer) zuerst an einer französischen Hobelmaschine, die im Jahre 1841 veröffentlicht wurde. (Die von Demselben angeführte Keilleiste von Hofmann nach dem preußischen Patent vom Jahre 1839 dient nicht zur Nachstellung, sondern zum Festspannen). Mit der Vervollkommnung der Werkzeugmaschinen und der Einführung der grob gezahnten hinterdrehten Fräser wuchs die Notwendigkeit, die Schlittenführungen zu verbessern. Um das Jahr 1880 war die in Längsrichtung des Schlittens keilförmige Leiste als bestes, wenn auch teueres Mittel zur Sicherung von Schlitten anerkannt; allgemeiner eingeführt wurde sie aber erst in den 90er Jahren.

3. Die Spannwerkzeuge.

Für die Entwicklung der Spannwerkzeuge kommen die Ansprüche 2, 4, 5 und 6 in Betracht.

Spannwerkzeuge für Drehbänke: Englische selbstzentrierende Drehdorne werden um das Jahr 1840 erwähnt. Drehherze wurden in England und Deutschland mit geradem Schwanz und Antrieb durch einen in die Mitnehmerscheibe eingeschraubten oder mit Mutter an ihr befestigten Mitnehmerbolzen ausgeführt; diese für den Arbeiter gefährliche Bauart wurde in den 70er Jahren in Amerika durch das im Gesenk geschmiedete Drehherz mit abgebogenem Schwanz ersetzt. Zentrierende Spannfutter mit durch Stirnräder gemeinsam angetriebenen Schraubenspindeln gab zwar schon Leonardo da Vinci an, und Bentham ließ sich ähnliche Futter für Innen- und Außenspannung im Jahre 1793 patentieren, weitere Verbreitung erlangten diese Werkzeuge aber noch nicht. Maudslay verwandte glatte Planscheiben, die bei großen Bänken aus einem Stück mit der Arbeitsspindel hergestellt wurden. In den 30er Jahren wurden amerikanische Zweibackenfutter erwähnt; die außen konischen Backen führten sich radial in 2 Schwalbenschwanznuten des Spindelkopfes und wurden durch eine auf das Spindelgetriebe aufgeschraubte Überwurfmutter zusammengespannt. Die Whitworthsche 1834 patentierte Gewindeschneidkluppe zeigte, wie man 3 Schneidbacken durch 3 radiale Schraubenspindeln und einen gemeinsamen großen Kegelradkranz gleichzeitig zusammenspannen konnte. Im Jahre 1837 erhielt der Engländer White ein Patent auf die Verwendung der archimedischen Spirale für Spannfutter. Ungefähr um die gleiche Zeit scheint die amerikanische Firma Gay, Silver & Co. Planschneckenfutter gebaut zu haben. Alle diese

Futter waren aber noch mangelhaft, schlecht gegen Späne geschützt und teuer. In den 60er Jahren begannen die Amerikaner handliche, genaue und geschlossene Spannfutter als Sonderfabrikationszweig aufzunehmen. Auf Planschneckenfutter mit gleich am Schlüssel sitzendem Spannkegelrad erhielten Washburn und Whiton im Jahre 1868 amerikanische Patente. Cushman erhielt im Jahre 1871 ein amerikanisches Patent auf Planschneckenfutter in der heute verbreiteten Form. Anfangs der 70er Jahre versah Westcott das Planschneckenfutter mit besonderen Grundbacken und auf diesen durch Schraubenspindeln radial verstellbaren Aufsatzbacken, so daß auch exzentrisch gespannt werden konnte. Horton stellte Futter mit 3 Schraubspannspindeln und gemeinsamem Kegelräderantrieb her. Nebenher blieben die „englischen" Planscheiben mit (umdrehbaren) Universalkloben in Gebrauch.

Ebenso wie bei den Drehbankfuttern finden sich auch bei den Bohrfuttern die wichtigsten Konstruktionsgedanken bereits bei den Engländern, während die handliche Durchbildung und Massenherstellung erst durch die Amerikaner erfolgte. Mordan erhielt im Jahre 1822 ein englisches Patent auf ein selbstzentrierendes Drahtspannfutter mit 2 Spannbacken in Schwalbenschwanzführung; die außen konischen Backen wurden durch eine innen kegelige Überwurfmutter zusammengeschraubt. (Nach diesem Prinzip wurden später die amerikanischen Beach-Futter gebaut.) Im Jahre 1822 wurde ein englisches Patronenfutter mit geschlitztem Spannkopf veröffentlicht, das ein konisches Außengewinde trug und mit Überwurfmutter zugespannt wurde. Alle diese Ideen blieben bis in die 60er Jahre fast unbenutzt; die Flach- oder Spitzbohrer wurden mit ihren runden oder vierkantigen Schäften in ein mit entsprechendem Loch versehenes rohes Futter gesteckt und durch Querschraube festgehalten. Erst mit dem Auftreten des genau runden Spiralbohrers in den 60er Jahren nahmen die Amerikaner auch dieses Spannwerkzeug als Spezialfabrikationszweig auf. Außer dem schon erwähnten Beach-Futter wurden vor allem die Oneida- und die Westcott-Futter mit 2 seitlich gezahnten und mit Zwieselschraube zusammengespannten Backen gebaut. Die selbstspannenden Bohrfutter mit 3 exzentrischen Spannrollen wurden durch eine englische Erfindung vom Jahre 1885 (D. R. P. Nr. 32 802) bekannt, das sich allerdings auf Drehbankfutter bezog, für diese aber bedeutungslos blieb. Erwähnenswert ist noch das im Jahre 1891 dem Amerikaner Pratt erteilte D. R. P. Nr. 61615 auf ein mit rechteckigem Schlitz für die Aufnahme eines entsprechenden Mitnahmeschwanzteils am Bohrerschaft versehenes Einlegestück für Bohrfutter, derart, daß die Klemmbacken nur zum Zentrieren zu dienen hatten.

Bohr- und Fräsvorrichtungen: Englische Parallelschraubstöcke finden sich in den 40er Jahren erwähnt. Die Vorläufer der Fräsvorrichtungen, die Feillehren, waren um die gleiche Zeit für Fassonteile, die in großer Anzahl herzustellen waren, vor allem für Textilmaschinen, in England in Gebrauch, desgleichen Bohrlehren für mehrere in genauem Abstand voneinander einzubringende Löcher. Die Grundidee einer verschiebbaren Bohrvorrichtung mit Anschlägen für jede Arbeitsstellung findet sich schon in dem Benthamschen Patent vom Jahre 1793 ausgesprochen. Auch in der französischen Gewehrfabrik Roanne waren nach einer Veröffentlichung vom Jahre 1829 Feillehren („Stanzen") für die Bearbeitung von Gesenkschmiedeteilen im Gebrauch, desgleichen liegen Angaben für die damalige Verwendung von Bohrlehren mit Schlitten in deutschen Gewehrfabriken vor. Die eigentliche Entwicklung der Spannvorrichtungen erfolgte aber erst in den amerikanischen Gewehrfabriken, wo die Bohrvorrichtung und Feillehre in den Privatfabriken von Whitney und North ein Haupthilfsmittel für die austauschbare Gewehrfertigung bildete. Es zeigt sich hier, daß die der Massenfertigung dienenden Hilfsmittel gleichzeitig der Genauigkeitssteigerung dienen können, so daß Massenbau und Austauschbau, Verbilligung und Verbesserung, Hand in Hand gehen konnten — das beste Mittel für die Amerikaner, um trotz ihrer hohen Löhne konkurrenzfähig zu fabrizieren. In der Springfield-Fabrik wurde im Jahre 1842 ein vollständiger Satz Bohrvorrichtungen für eine neue Muskete angeschaft. Über die Konstruktion der in den 50er Jahren von Colt benutzten Bohrlehren liegen nähere Angaben vor; die Bohrer führten sich in einem Lochblech, Bohrbuchsen waren nicht vorhanden, die Festspannung des Arbeitsstückes erfolgte durch Spannhebel.

III. Die Werkstattmethoden.

1. Die erste Formgebung der Werkstücke (Gießen und Schmieden).

Soweit die Arbeitsverfahren der Werkstatt direkt die Konstruktion beeinflußten, wurden sie schon angeführt; dazu gehört vor allem das von Whitworth eingeführte Schaben, das um 1870 auch in den besseren amerikanischen und deutschen Betrieben eingeführt wurde. Die Entwicklung der Beschaffenheit und der Vorbehandlung des Materials muß kurz gekennzeichnet werden, da dieses in doppelter Form, als Baustoff und als Werkstoff, in die Erscheinung tritt.

Die Gießereitechnik des Mittelalters stand auf beachtenswerter Höhe; ihre Verfeinerung für die Zwecke des Maschinenbaues erfolgte fast restlos durch Engländer. Zu Beginn des 18. Jahrhunderts wurde die Lehmformerei in England durch die — an sich bekannte — billigere Sandformerei mit Formkästen ersetzt, im Hochofenbetrieb wurde der Koks anstelle der Holzkohle eingeführt, und im Jahre 1757 ließ sich Isaac Wilkinson ein Zylindergebläse schützen, das von 1760 an besonders von Smeaton, der die Verwendung von Gußeisen im Maschinenbau sehr förderte, gebaut wurde. Anfangs der 80er Jahre war das Gußeisen für Maschinenteile aller Art, auch Zahnräder, in England allgemein gebräuchlich, im Jahre 1794 führte Wilkinson den Kupolofen in die Gießereien ein, der diese von den Hochöfen unabhängig machte, und um das Jahr 1800 war die englische Gießereitechnik so weit entwickelt, daß der Maschinenbau fast ganz ohne Holz auskommen konnte. 1829 führte Neilson den erhitzten Gebläsewind ein, von der Mitte des 19. Jahrhunderts an erfolgte die Einführung der Formmaschinen. Noch in der zweiten Hälfte des Jahrhunderts wird das Material und die Formtechnik des englischen Gusses gelobt. Der amerikanische Guß ist weicher, schwefelfreier und grobkörniger als der europäische, er läßt sich deshalb schneller bearbeiten (besonders schaben) und besitzt eine feinporige, ölhaltende Oberfläche. Die rasche Verbreitung des Fräsens in Amerika ist zum großen Teil auf die Weichheit des Gusses zurückzuführen. Die ausgedehnte amerikanische Metallindustrie beeinflußte die rasche Entwicklung der dortigen Gießereitechnik, die beispielsweise komplizierte Maschinenständer aus einem Stück zu gießen verstand, die man in Europa aus mehreren Teilen zusammensetzen mußte; das kam dem gefälligen Aussehen der Maschinen zugute. Die weitgehende Verwendung von Bohr- und Fräsvorrichtungen verlangte genauen Guß und führte zur Verwendung von Metallmodellen mit geringer Bearbeitungszugabe. Der Guß der führenden amerikanischen Werke wurde schon in den 70er Jahren als erstklassig gelobt. — Das Beizen der Gußstücke war um 1840 in England schon vielfach üblich; später (um 1870) wurde es unter dem Einfluß des Fräsens besonders in Amerika ausgeübt, wo man auch um die gleiche Zeit das Ausglühen der Gußstücke zur Entfernung ihrer Spannungen sowie zur Erhöhung ihrer Festigkeit und Bearbeitbarkeit betrieb und bald darauf zweckmäßige Glühöfen für den Verkauf herstellte. — Im ganzen ist festzustellen, daß die Amerikaner zur Vervollkommnung der Gußtechnik wenig Grundlegendes beigetragen haben.

Schmiedbarer Guß wurde zuerst in England nach einem im Jahre 1804 an Lucas erteilten Patent (Nr. 2767) hergestellt, war aber schon früher bekannt (angegeben wurde das Verfahren im Jahre 1722 von Réaumur). In den 60er Jahren ging England mit der Anwendung dieses Materials besonders für Gewehrgarnituren und Textilmaschinenteile voran. Nachher bevorzugten es besonders die Amerikaner für Maschinenteile.

Schmiedbares Eisen wurde zu Beginn des 18. Jahrhunderts bereits vielfach im Maschinenbau angewandt. Besonders geschätzt waren schwedische Erze und englische Frischkohle. 1728 wurde das erste Eisenblechwalzwerk in England errichtet. Als Stahl kannte man zunächst nur den teuren Zementstahl; 1740 erfand Huntsman in Sheffield den durch Umschmelzen von zementiertem Schweißstahl gewonnenen Tiegelgußstahl, 1784 der Engländer Cort das Puddelverfahren für Schweißeisen, 1778 und 1787 wurden die ersten eisernen Schiffe, 1779 die ersten eisernen Brücken in England gebaut. Nach 1830 wurde auch Stahl durch Puddeln gewonnen; der im Jahre 1842 patentierte (schon einige Jahre vorher in Creuzot gebaute) Nasmythsche Dampfhammer machte das Durchschmieden großer Eisen- und Stahlblöcke möglich. Anfangs des 19. Jahrhunderts wurde der als Grundlage der Gußstahlbereitung dienende Zementstahl hauptsächlich in England hergestellt; die Einführung der englischen Fortschritte auf dem Kontinent erfolgte erst ganz allmählich. Um 1830 wurde in Deutschland noch überall englischer Gußstahl benutzt, erst dann begann sich die Werkzeugfabrikation durch die einheimische Stahlerzeugung von England unabhängig zu machen. Im Jahre 1851 zeigte Krupp seinen 2150 kg schweren Gußstahlblock auf der Londoner Weltausstellung. Von der Mitte der 50er Jahre ab begann die wissenschaftliche methodische Entwicklung der Stahlbereitung. 1855 erfand Bessemer das Verfahren, Flußeisen und Flußstahl in großen Massen direkt durch Entkohlung von flüssigem Roheisen mittels eingeblasener Luft herzustellen, 1866 erhielt C. W. Siemens sein englisches Patent auf einen Herdschmelzofen für Stahl in Verbindung mit einem Regenerativofen. Nach 1870 hatte das billigere, gleichmäßigere, wenn auch härtere und schlechter schweißbare Flußeisen das Schweißeisen überflügelt, während der Gußstahl in der Waffentechnik vorherrschend wurde. 1878 erhielt der Engländer Thomas ein deutsches Reichspatent auf das für die deutsche Eisenindustrie so wichtige Verfahren, phosphorhaltiges Roheisen in der Birne in Flußeisen und Flußstahl zu verhütten. Die Verarbeitung dieser für die Verspanung ausgezeichnet brauchbaren Stahl- und Eisensorten befruchtete den Werkzeugmaschinenbau in stärkster Weise. Whitworth hatte noch gefunden, daß die Genauigkeit der Bearbeitungsmaschinen am stärksten durch das ungleichförmige, harte Stellen aufweisende Schweißeisen in Frage gestellt wurde; bis zur Einführung des Flußeisens mußten die Maschinen übermäßig schwer sein, um das Material bearbeiten zu können. Nicht zum mindesten war dem neuartigen Werkstoff der Erfolg der leichten amerikanischen Werkzeugmaschinen zuzuschreiben.

Edelstähle für die Herstellung von Schneidwerkzeugen wurden früher benutzt als gewöhnlich angenommen wird. 1821 erfand Berthier den Chromstahl; Wolfram-Stahl wurde Ende der 50er Jahre, auch in Deutschland, mit sehr gutem Erfolg zum Drehen benutzt. Um 1860 erfand Mushet den mangan- und wolframhaltigen Selbsthärter (Lufthärter), der höhere Schnittgeschwindigkeiten zuließ als Kohlenstoffgußstahl, aber spröder und teurer war. Praktische Bedeutung erhielten die Edelstähle erst durch den von Baur in Amerika im Jahre 1865 hergestellten Chromstahl, der allerdings auch nicht das hielt, was man erhoffte. Weiterhin wurden verschiedene Naturhärter mit Chrom-, Mangan- und Wolframgehalt bekannt. So stellten Gould & Eberhardt auf der Weltaustellung in Chicago 1893 selbsthärtende Schruppstähle aus, die beim Schleifen rotwarm werden durften. Die eigentliche Periode des Schnellstahles wurde dann durch den Taylor-White-Stahl (ausgestellt in Paris 1900) eingeleitet, der eine Verdreifachung der Schnittgeschwindigkeiten ermöglichte. — Die den legierten Edelstahl betreffenden Erfindungen wurden also in der Hauptsache von Amerikanern gemacht.

Deutschland hatte zu sehr mit den Schwierigkeiten seiner mangelhaften Rohstoffe, mit politischen und wirtschaftlichen Hemmungen zu kämpfen, als daß es neuartige Verfahren der Eisen- und Stahlbereitung hätte ersinnen und erproben können; es mußte sich damit begnügen, die in England bewährten Verfahren zu übernehmen und diese dann zu hoher Entwicklung zu bringen. — Bedeutungsvoll sind die deutschen Leistungen auf dem Gebiete der wissenschaftlichen Materialforschung (Redtenbacher und Reuleaux). Für die praktische Prüfung der Materialfestigkeit baute England schon in den 20er Jahren hydraulische Maschinen mit Druckmessung durch Gewichte. (Erwähnenswert sind Werders deutsche Prüfmaschine vom Jahre 1852, Bialons Zerreiß- und Zerdrückmaschine, gebaut von Hummel in Berlin, veröffentlicht 1860). Der praktische Ausbau der Materialprüfung und der Bau großer Laboratorien setzte in den 60er Jahren in Amerika ein; Deutschland folgte im nächsten Jahrzehnt.

Die Gesenkschmiederei war im 18. Jahrhundert für Massenteile besonders in Frankreich gebräuchlich; um das Jahr 1770 schmiedete man mit dem Handgesenk Tür- und Fensterteile. Im Anfang des 19. Jahrhunderts ist auch das Handgesenkschmieden von Gewehrteilen in der französischen Gewehrfabrik zu Roanne nachweisbar; die so hergestellten Stücke eigneten sich besonders zur Bearbeitung in Feillehren, während die von Hand geschmiedeten Teile zu große Materialzugaben besaßen. Seltener wurden Gewehrteile mit der Hand vorgeschmiedet und im Gesenk fertig gepreßt. In den amerikanischen Gewehrfabriken wurde das Schmieden im Handgesenk um das Jahr 1817 eingeführt. Mit der Vervollkommnung der Maschinenhämmer hörte das Handgesenkschmieden in der Massenfertigung auf.

Für das Vorschmieden von auf Werkzeugmaschinen zu bearbeitenden Eisen- und Stahlteilen kommen — von dem schon erwähnten, in diesem Zusammenhang weniger wichtigen Dampfhammer abgesehen — Transmissionshämmer in Frage, das heißt Stielhämmer zum Ausschmieden ohne Gesenk und Rundtrommeln mit Gesenk, Fallhämmer zum Gesenkschmieden. Stielhämmer mit etwa 100 kg schwerem Bär und 85 Schlägen in der Minute waren zu Beginn des 18. Jahrhunderts zum Ausschmieden von Platten für Gewehrläufe und zum Zusammenschweißen der Laufrohre bekannt. Die Hämmer wurden mittels Daumenwelle am Schwanz oder an der Stirn angehoben. Sie blieben schwerfällig, solange bis die amerikanischen Waffenfabriken sie verbesserten; um 1855 gab es dort Stielhämmer, die 300 Schläge in der Minute ausführten. Anfangs der 70er Jahre wurde der verbesserte Bradley-Hammer bekannt, dessen Antrieb von unten mittels Riemscheibe, Kurbel und Zugstange erfolgte. Die Hubhöhe war verstellbar, Einrückung und Regelung der Schlagstärke erfolgte durch Fußtritt; zur elastischen Schlagverstärkung waren anstelle der vorher üblichen Holzbalken Gummipuffer vorgesehen. Die Hämmer sollen das Vierfache der vorher gebräuchlichen Bauart geleistet haben. — Zur Erzeugung eines einzelnen starken Schlages zum Schmieden unregelmäßiger Formen war der Stielhammer ungeeignet; für die massenhafte Herstellung derartiger Teile kam nur der Transmissionsfallhammer in Betracht. Amerikanische Fallhämmer werden schon aus dem ersten Jahrzehnt des 19. Jahrhunderts erwähnt; sie dienten hier anscheinend zunächst zum Schmieden der massenhaft gebrauchten Handwerkszeuge wie Äxte, Hämmer, Zangen usw. Über die Bauart dieser ersten Hämmer wird nichts berichtet; Hall soll in der staatlichen Gewehrfabrik in Harpers Ferry um 1820 Fallhämmer mit Kettenantrieb und gut geführtem Hammerbär benutzt haben. Morgan baute im Jahre 1839 einen Stangenfallhammer, dessen Bärstange durch 2 Reibrollen hochgehoben wurde. In den 40er Jahren wurde die Verwendung von Fallhämmern in den amerikanischen Gewehrfabriken allgemein. Man unterschied Stangen-, Riemen-, Zahnstangen- und Schraubenfallhämmer; bei den letzteren (von Root im Jahre 1853 bei Colt gebauten) wurden vier rund um eine mittlere Zahnstange oder Schraubenspindel angeordnete Bären nacheinander angehoben; der Schmied wanderte um den Hammer herum. Ein Bild von der hohen Vollendung der um die Mitte des Jahrhunderts benutzten Stangenfallhämmer gibt eine aus dem Jahre 1854 erhaltene Zeichnung[1]) eines deutschen Friktionshammers (aus Dirschau), von dem allerdings nicht berichtet wird, ob er eine Originalkonstruktion oder eine Kopie nach amerikanischen Modellen darstellt. Derselbe besaß je 2 Hubrollen und Bremsbacken, die mit Papier beklebten Hubrollen wurden an die schmiedeeiserne Hubstange durch Kniehebel, die Bremsbacken durch Hebel angedrückt, die Ruhelage des Bärs war unten, die Steuerung erfolgte hubweise von Hand, die Schlagstärke konnte durch nur teilweise Ausnutzung der Fallhöhe und durch Andrücken der Bremsbacken gemildert werden. Das Hammergestell mit der Bärführung, die Schabotte und die sonstigen Einzelheiten machen einen durchaus entwickelten Eindruck. Die weitere Verbesserung betraf die Ruhe-Festhaltung des Bärs in der oberen Totlage, die zuerst durch Riegel bewirkt wurde; dieser genügte aber nicht mehr, als man anstelle der leichten Bären mit großer Fallhöhe schwere Bären mit geringer Fallhöhe einführte, die ein besseres Abfließen des Metalls ermöglichten. Hierfür wurden in Amerika anfangs der 70er Jahre exzentrische Klemmbacken eingeführt. Durch die amerikanischen Firmen Billings & Spencer, (die besonders Nähmaschinenteile, später Schraubenschlüssel, Fahrradteile usw. schmiedete) und Pratt & Whitney (Patent Goulding und Cheney) erhielt der Brettfallhammer mit Fußsteuerung, automatischer Schlagsteuerung und veränderlicher Hubhöhe, seine heutige Bauart. Im Jahre 1872 erhielt der Amerikaner Stiles ein Patent auf seine akkomodierende Brettklemme, die das Brett, auch wenn es sich verzogen hatte, beiderseitig festklemmte.

Zu den Schmiedehämmern gehört auch die Kaltstreckmaschine, die kurz vor 1860 in Amerika erfunden wurde und in den 60er Jahren von Manville mit Kniehebeln für die Gesenkbewegung ausgestattet wurde.

Amerikanische Schmiedemaschinen mit Exzenter und Gestängeantrieb der Einzelgesenke zum Anstauchen von Köpfen

---

[1]) Zeichnungen der „Hütte“.

an Schraubenbolzen und Spindeln werden gelegentlich der Weltausstellung Philadelphia 1876 erwähnt.

Auf dem Gebiete der Massenschmiederei ist somit die amerikanische Einwirkung sehr stark gewesen.

2. Das Messen.

Stahlmaßstäbe anstelle der üblichen Holzmaßstäbe fertigte Brown (später in Firma Brown & Sharpe) seit 1850, dem Erfindungsjahre seiner Längenteilmaschine.

Schublehren sind um 1826 in Frankreich nachweisbar; hier wurden sie nachher auch mit Nonius versehen, in welcher Ausführung sie um die Mitte des Jahrhunderts bekannt wurden. Besonders genaue derartige Werkzeuge, mit Ablesungen von $^1/_{1000}''$ (Vernier) stellte Brown von 1850 ab her.

Fühlhebel mit Einteilung von Hundertstel Millimetern wurden nach 1830 bekannt; die Art der Maßteilung weist auf französische Herkunft. Hartmann bemerkt 1838, daß die Einführung dieses Werkzeuges erst den Anfang einer vollkommenen Drehkunst bezeichne; das Werkzeug sei aber nur da am Platze, wo sehr genau gearbeitet werde, z. B. beim Drehen von Zapfen für mathematische und astronomische Instrumente. Um 1850 gab es Fühlhebel mit Übersetzungen von 1 : 30 bis 1 : 100, und zwar einfache und doppelte Übersetzungen.

Wasserwaagen zum Ausrichten beim Anreißen und bei der Montage wurden jedenfalls in der ersten Jahrhunderthälfte vielfach verwandt; gute Ausführungen brachten Brown & Sharpe in den 80er Jahren auf den Markt.

Das erste bekannte Mikrometer stammt von Watt aus dem vorletzten Jahrzehnt des 18. Jahrhunderts; das Verfahren, genaue optische Messungen durch 2 parallele Backen mit Gewindeverschiebung und Ablesung an aufgerissenen Linien vorzunehmen, war aber schon vor Watt bekannt. Seine Mikrometer besaßen Bügelform, eine feste und eine seitlich gezahnte, durch Parallelschraube verschiebbare flach-rechteckige Backe; die ganzen und teilweisen Umdrehungen der Schraube wurden durch Zeiger und Teilscheibe angezeigt. Maudslay, der eigentlich die erste gewissenhafte Werkstattsarbeit schuf, benutzte ein 16″ langes Tischmikrometer mit einer 100teiligen Indexscheibe auf der Schraubenspindel, das Messungen bis auf $^1/_{1000}''$ gestattete und damit, nach Nasmyths späterem Urteil, weit über die Erfordernisse des damaligen Maschinenbaues hinausging. 1845 wurde eine österreichische Blechlehre in Form des heutigen Mikrometers mit Meßschraube und Teilscheibe bekannt, die dann von Palmer in Paris verbessert wurde. (Französisches Patent vom Jahre 1848.) Palmer beseitigte die Teilscheibe, versah die Meßschraube mit Deckhülse, deren vorderer Umkreis mit Teilstrichen und Ziffern versehen war, und ließ die vollen Umdrehungen an Teilstrichen in Achsenrichtung des Mutterschafts mit Ziffern ablesen. Die Ablesung geschah auf $^1/_{20}$ mm. Die Feststellung des Meßspindel und die Nachstellung toten Ganges erfolgte durch Schlitz und Klemmschraube im Mutterteil des Bügels. Der Bügel war eckig, die Gegenanlage bildete eine Madenschraube. Dieses Mikrometer blieb wenig bekannt, ebenso wie ähnliche Ausführungen, die von Deutschen und Amerikanern für eigenen Verbrauch hergestellt wurden. Es regte aber gelegentlich der Pariser Weltausstellung 1867 Brown & Sharpe zur Aufnahme der Fabrikation dieses Werkzeuges und damit zu einer allgemeinen Steigerung der Werkstättengenauigkeit an. Das erste Brown & Sharpesche Mikrometer vom Jahre 1868 diente noch als Blechlehre; erst Mitte der 70er Jahre wurde der Meßbereich vergrößert, und damit die Benutzung für den Maschinenbau ermöglicht. Bis um die Mitte der 80er Jahre blieben Brown & Sharpe die einzigen Hersteller dieses Werkzeuges. Während dieses Jahrzehnts sind folgende amerikanische Verbesserungen zu verzeichnen: Schutz der Meßspindel vor Schmutz und Beschädigungen durch Verlegung des Gewindes nach innen, Nachstellung bei Abnutzung der Meßspindel und der beiden Meßflächen unter Wegfall der außen liegenden Schlitzschraube, Vergrößerung des Meßbereichs, rasche Achsialverstellung der Meßspindel, Ratschenverstellung. Slocomb brachte 1895 ein billiges Mikrometer mit unbearbeitetem, mit I-Profil geschmiedetem Bügel auf den Markt. — Innenmikrometer verschiedener amerikanischer Erfinder wurden in den 80er Jahren bekannt.

Meßmaschinen kommen nicht für die allgemeine Maschinenwerkstatt, sondern für die Lehren bauenden Werke in Betracht und bilden somit indirekt einen Maßstab für die Werkstättengenauigkeit. Whitworth stellte im Jahre 1834 sein erstes Endmaß nach Strichmaßkopieen des staatlichen Urmaßes (es gab damals nur Strichmaße) durch Vergleich mit Fadenkreuzmikroskop her. Die — zwar genaue — Strichmessung ist schwerfällig, denn sie muß auf beiden Endstrichen erfolgen, und das Mikroskop hat nur ein sehr kleines Gesichtsfeld. Zur Vervielfältigung dieses Endmaßes und zur Herstellung von Kaliberdornen baute er deshalb um das Jahr 1850 die ersten Endflächenmeßmaschinen. Bei der einen Art, der Laboratoriumsmaschine, wurde das Augenmaß durch das Gefühl ersetzt; eine Fühlplatte glitt bei richtiger Länge der zu vergleichenden Masse leicht herunter; bei etwas größerer Länge blieb sie hängen. Sie besaß außer der Schraubenspindel Schneckenübersetzung und dadurch eine die vorkommenden Wärmeabweichungen weitaus übersteigende Genauigkeit ($^1/_{1000000}$″, sogar $^1/_{2000000}$″). Die ohne Fühlplatte und Schneckenübersetzung gebaute Werkstättenmaschine, die besonders zur Anfertigung von Kalibern diente, maß bis $^1/_{50000}$″ ($^1/_5$ Teilstrich der 500fach geteilten Teilscheibe; die Schraubenspindel hatte 20 Gang auf 1″). Eine so genaue Messung war natürlich nur in der Hand geschickter Arbeiter möglich, wie sie bei Whitworth vorhanden waren; verkauft wurden die Maschinen in den 50er Jahren nicht, Ende der 70er Jahre waren sie erhältlich. Die Käufer (z. B. Reinecker) erhielten aber nur geringere Genauigkeiten mit der Whitworthschen Maschine. Anfangs der 80er Jahre baute Reinecker seine sehr bewährte Meßmaschine, bei der das Gefühl der Whitworth-Maschinen vollkommen durch ein Flüssigkeitssteigrohr ersetzt wurde. (D. R. P. Nr. 17211 vom Jahre 1881 und 29831 vom Jahre 1884.) Nicht so genau wie diese war die von Pratt & Whitney in den 80er Jahren herausgebrachte Meßmaschine mit Fallkaliber, die bis zu $^1/_{100000}$″ anzeigen sollte, in Wirklichkeit aber Meßfehler bis 0,002 mm besaß. (Die von Pratt & Whitney hergestellten, mit 0,0005 mm Genauigkeit garantierten Endmaße waren, soweit Schlesinger sie untersuchte, sämtlich ungenau.) Um die Jahrhundertwende gab es in Amerika 13 verschiedene Bauarten von Meßmaschinen, in Deutschland 3: die von Reinecker, die von Lorenz und die von Hommel. Englische Meßmaschinen wurden nach Whitworth nicht bekannt.

Die ältesten Normallehren sind Lineale für den Gebrauch auf Handdrehbänken und beim Meißeln ebener Flächen, sowie Lochlehren für Gewehr- und Geschützrohre, woher auch die Bezeichnung „Kaliberdorn“ stammt. Diese Lehren waren im 19. Jahrhundert in allen Ländern gebräuchlich. Da die im Anfang des 19. Jahrhunderts benutzten Gewehrkaliberdorne um etwa 0,25 mm abgestuft waren, und die Toleranz eines Kalibers von 18,5 mm ungefähr ± 0,5 mm betrug, so ist es wahrscheinlich, daß mit diesen Lehren eine Bestimmung des Über- und Untermaßes vorgenommen wurde. Flache Blechlehren für die Messung des äußeren Laufdurchmessers waren anfangs des 19. Jahrhunderts üblich, auch flache Schulterlehren werden erwähnt.

Grenzlehren soll nach einer amerikanischen Quelle (die aber keine näheren Angaben macht) schon Eli Whitney in seiner Gewehrfabrik im Anfang des 19. Jahrhunderts benutzt haben. Sie fanden also ihrer ganzen Natur nach (Möglichkeit der Beschäftigung ungelernter Arbeiter, getrennte maschinenfertige Herstellung der einzelnen Teile in Serien ohne nachträgliches Zusammenpassen, hoher Preis) die erste Anwendung in der Massenfertigung. Flachlehren für die verschiedensten Längen- und Formmessungen waren jedenfalls in den 20er Jahren in mehreren deutschen und englischen Gewehrfabriken; auch in einer englischen Maschinenfabrik (Sharp, Roberts & Co.) bekannt. Vollständige Lehrensätze wurden wohl zuerst in amerikanischen Gewehrfabriken eingeführt; in der Fabrik in Springfield soll dies im Jahre 1842 der Fall gewesen sein. Die ersten Kaliberlehren im Maschinenbau soll Bodmer um das Jahr 1840 benutzt haben. Die Einführung von Rundmaßen mit festgelegtem Über- bzw. Untermaß für die Passung in den Maschinenbau erfolgte durch Whitworth im Jahre 1857. Er ersetzte die bis dahin gefühlsmäßig erreichte Passung durch einen festgelegten Spielraum zwischen Loch und Welle, dessen Beurteilung durch Kaliberdorne mit Abstufungen von etwa $^1/_{5000}''$ ermöglicht wurde. Die Genauigkeit der Kaliberdorne betrug $^1/_{20\,000}''$. Die Art der Passung war auf den Lehren vermerkt. Die Beurteilung des Passens von Lehrdorn und Lehrring blieb zwar immer noch vom Arbeiter abhängig, doch wurde jedenfalls durch Whitworth die Einzelherstellung von Welle und Loch ohne paarweises Zusammenpassen möglich. Whitworth benutzte seine „Differenzlehren" auch bei der Fertigung von Gewehrläufen, also für ein Maß, bei dem es sich nicht um eine Passung, sondern um eine Arbeitstoleranz handelte. Die beiden Prinzipien der späteren Grenzlehre: Passung und Arbeitstoleranz nachzuweisen, fanden sich also in Whitworths Lehren verwirklicht, nur einzeln, nicht in ein einziges Meßwerkzeug zusammengezogen. (Nach einer amerikanischen Quelle soll übrigens die Genauigkeit der Whitworth - Lehren nicht so hoch gewesen sein wie oben angegeben; eine Übereinstimmung der einzelnen Lehren untereinander soll nicht stattgefunden haben.) Flachlehren sollen im europäischen Maschinenbau Ende der 60er Jahre noch nicht gebräuchlich gewesen sein; in der Massenfabrikation (Waffen und Munition, Nähmaschinen, Uhren) waren dagegen flache Grenzlehren amerikanischer Herkunft um diese Zeit als Revisionslehren in Gebrauch, auch wohl schon als Arbeitslehren. Brown & Sharpe bauten sie seit den 60er Jahren. Die damaligen amerikanischen Grenzrachenlehren besaßen zwei Schnäbel oder nur einen Schnabel, der beide Stufen enthielt. In den Maschinenbau waren Grenzlehren auch in Amerika anscheinend noch nicht eingedrungen, in Philadelphia 1876 sah man Kaliberdorne und Ringlehren der führenden amerikanischen Werkzeugfabriken, aber keine Grenzlehren. Geschmiedete zweiseitige Grenzrachenlehren ähnlich der heutigen Form mit Kontrollmeßscheiben wurden im Jahre 1882 von Pratt & Whitney für das Messen von rohem Rundeisen für den Eisenbahnwagenbau angefertigt. Als üblicher Grenzlehrdorn wird in einer Brown & Sharpeschen Druckschrift vom Jahre 1885 der doppelseitige, als übliche Grenzrachenlehre die mit einseitigem Maul beschrieben. (Bekannt scheint diese Form ebenso wie die oben erwähnte ähnlich geformte Gewehrlehre nicht geworden zu sein, da sie im Jahre 1894 der Firma Reinecker patentiert wurde; D. R. P. Nr. 76 670.) Es ist kein Zufall, daß diese anscheinend älteste Veröffentlichung über Grenzlehren im Maschinenbau in einer Gebrauchsanweisung für Rundschleifmaschinen enthalten ist. Diese Lehren sind, wie schon oben bemerkt, eine Forderung der Massenfertigung genauer Teile und der Verwendung angelernter Arbeiter; diese beiden Faktoren sind aber gleichzeitig die Veranlassung zum Bau der Rundschleifmaschine gewesen. Loch und Welle, die Grundlage jeder Maschine, sind billig und genau kaum ohne beide Hilfsmittel herzustellen. Eine deutsche Literaturquelle vom Jahre 1885 erwähnt, daß wohl in allen besseren Maschinenfabriken die Werkstücke nach Normallehren bearbeitet würden, und ein direktes Einpassen mit Nacharbeit nicht mehr stattfinde. In den Katalogen der Firma Brown & Sharpe tauchen Hinweise auf Grenzlehren um das Jahr 1888 auf, Reinecker bringt sie im Katalog vom Jahre 1895, nachdem er in seiner Patentschrift Nr. 76 670 vom Jahre 1894 erwähnt hat, daß man im Kleinmaschinenbau zur Erzielung größerer Genauigkeit Grenzlehren anwende. Mitte der 90er Jahre führte Loewe Grenzlehren in gewissem Umfange ein und begann gegen Schluß des Jahrhunderts mit einer systematischen Ausgestaltung der Passungsmaße (durch Schlesinger).

Zum Messen von Gewinden verwandte Maudslay einen Zirkel mit vierfacher Hebelübersetzung zur Vergrößerung des abgelesenen Maßes; welche Durchmesser er maß, ist nicht bekannt, wahrscheinlich den Außen- und den Kerndurchmesser. Außerdem beobachtete er die Flanken- und Steigungsfehler durch Zusammenlegen von je 2 Schrauben. Gewindeflachlehren waren im Anfang des 19. Jahrhunderts in Gewehrfabriken gebräuchlich. Whitworth stellte als Erster Gewindekaliberdorne und Gewindelehrmuttern her; die ersteren waren so abgesetzt, daß sie außer dem Gewinde einen Absatz für den Bolzendurchmesser und einen für den Kerndurchmesser besaßen. Es wurden 62 verschiedene Durchmesser geliefert, von $^1/_{32}''$ bis $6''$ Durchmesser. Ein Gewindevernier (Schublehre) mit zwei Meßprismen auf der einen und einem Meßprisma auf der anderen Seite stellte der Amerikaner Carpenter im Jahre 1875 her, wodurch zum erstenmal die Messung des Flankendurchmessers ermöglicht wurde. Carpenter soll auch Grenzmaße hierfür festgelegt haben. Gewindemikrometer mit ähnlicher Anordnung der Meßprismen führten die Amerikaner Whitehead und Hiscox Ende der 80er Jahre ein.

Im ganzen liegt die Stärke der amerikanischen Werkstattsmessung weniger im Ersinnen neuer Meßverfahren als in der Ausgestaltung europäischer Gedanken und der fabrikmäßigen Herstellung gut durchgebildeter Werkzeuge.

3. Der Austauschbau.

Eine maschinenfertige Herstellung und ein fabrikmäßiger Austauschbau wurde erst durch den von Maudslay geschaffenen, fest geführten und mechanisch bewegten Werkzeugsupport und die von Bentham im Jahre 1793 (Patent Nr. 1951) beschriebenen verstellbaren Anschläge für die Supportbewegung ermöglicht. Das Bedürfnis nach austauschbaren Teilen von Mechanismen trat zuerst im Massenbau auf, und zwar dort, wo Teile fern von der Mutterfabrik ohne die Möglichkeit eines Zusammenpassens miteinander übereinstimmen mußten, das heißt bei Geschossen und Handfeuerwaffen, nachher bei Transportmitteln (besonders Lokomotiven) und endlich bei Gegenständen des Haushalts und gewerblicher Betriebe, für welche Ersatzteile nachzuliefern waren (Nähmaschinen, landwirtschaftliche Maschinen, Uhren usw.). Die Austauschbarkeit der weich abgedichteten Geschosse war nicht schwierig zu erreichen. Schwer war es dagegen, die Gewehr- und Pistolenteile austauschbar zu machen. Gerade hier aber bestand ein starkes Bedürfnis. Militärgewehre brauchte man in einem für andere Gegenstände nicht üblichen Umfang, das Zusammenpassen jedes Gewehrs für sich war teuer; die einzelnen Teile wurden häufig in verschiedenen Fabriken hergestellt, und der Ersatz des einen Teils durch einen anderen, im Dienst und besonders im Felde, mußte ohne Paßarbeit möglich sein. Dazu kam die Forderung der raschen Herstellung der Gewehre. Beide Ansprüche, die Austauschbarkeit und die Schnelligkeit der Fertigung, erforderten die gleichen Mittel. Die Gewehrfabrik ist somit die Wiege des Austauschbaues geworden. Die ersten nachweisbaren Versuche, Gewehre auswechselbar zu fabrizieren, wurden im 18. Jahrhundert in Frankreich gemacht. Der erste, im zweiten Jahrzehnt unternommene, war der hohen Herstellungskosten wegen ein Mißerfolg. Der zweite, in den 80er Jahren von Le Blanc gemachte Versuch, Gewehrschlösser und dann ganze Gewehre austauschbar zu machen, führte zum Ziel. Über die dabei angewandten Mittel ist nichts festzustellen, es wird aber berichtet, daß die Gewehre um 2 Frs. das Stück billiger waren als die nach den üblichen Fabrikationsmethoden hergestellten. In den ersten Jahrzehnten des 19. Jahrhunderts wurden in der französischen Fabrik von Roanne Gewehrschlösser im Gesenk geschmiedet und in Feillehren austauschbar fertiggestellt; das nachfolgende Härten soll aber wieder unkontrollierbare Verzerrungen mit sich gebracht haben, die das Auswechseln in Frage stellten. Die von Bentham und Brunel im Jahre 1808 in Betrieb genommene Einrichtung zur gänzlich maschinellen Herstellung von austauschbaren Flaschenzugblöcken und die von Bodmer um das Jahr 1811 in St. Blasien betriebene austauschbare Fabrikation von Handfeuerwaffen, wobei das Gewehrschloß mittels Spezialmaschinen maschinenfertig hergestellt worden sein soll, blieben ohne Einfluß. Außerdem soll die englische Firma Sharp, Roberts & Co. im Jahre 1825 austauschbare Maschinenteile und im Jahre 1834 Lokomotiven unter Benutzung von Lehren nach dem gleichen Prinzip hergestellt haben (was sehr zweifelhaft erscheint und allenfalls für ganz wenige Einzelteile gelten mag); eine Weiterentwicklung ging von hier ebenfalls nicht aus.

Die Wichtigkeit der bis zur Austauschbarkeit vollendeten maschinenfertigen Herstellung für die Genauigkeit, Billigkeit und Schnelligkeit der Fertigung sowie für die Unabhängigkeit von gelernten Arbeitern wurde jedenfalls im vollen Umfange zuerst in Amerika erkannt, und die Mittel dazu wurden hier entwickelt. Dies geschah in den beiden privaten Gewehrfabriken von Whitney und North; Ersterer erhielt im Jahre 1798 auf Grund der von dem Verfahren des Franzosen Le Blanc gewonnenen Anregung einen Regierungsauftrag auf 10 000 Gewehre, letzterer im Jahre 1799 einen solchen auf 1500 Pistolen. Beide arbeiteten in einem bis dahin unbekannten Maße maschinell und lieferten um das Jahr 1800 Waffen mit austauschbaren Einzelteilen, jedenfalls austauschbaren Schlössern, ab. (Allerdings waren die Toleranzen dieser Waffenteile größer als heute üblich.) Daß nach den Grundsätzen des Massenbaues gearbeitet wurde, geht daraus hervor, daß North im Jahre 1808 von einer Spezialisierung seiner Arbeiter und von einer Serienherstellung von je 2000 Teilen spricht, wobei er 25% Zeit ersparte und bessere Arbeit erhielt. Von den amerikanischen staatlichen Fabriken für Handfeuerwaffen, in Springfield und in Harpers Ferry, soll die letztere jedenfalls teilweise schon im Jahre 1819 für Austauschbau eingerichtet gewesen sein. Colt erhielt im Jahre 1828 Staatsaufträge für Gewehre mit der Vorschrift, daß die Teile der von ihm zu liefernden Waffen nicht nur unter sich, sondern auch mit allen in den Staatswerkstätten hergestellten Gewehren austauschbar sein müßten. Um 1840 wurden mit der allgemeinen Einführung des Fräsens in der amerikanischen Gewehrfabrikation auch die Vorbedingungen für eine restlose Durchführung des Austauschbaues geschaffen. Es scheint, daß bis dahin zwar gelegentlich ganze Waffen, für gewöhnlich aber nur einzelne Gewehrteile, besonders die Schlösser, austauschbar waren, während erst um 1845 die ganzen Gewehre nach diesem Verfahren hergestellt wurden. Die bis dahin benutzten Feillehren wurden jetzt durch Fräsvorrichtungen ersetzt. Der ungeheure Vorteil des Fräsens bestand darin, daß man nunmehr tausende von ebenen und geformten Flächen maschinenfertig mit dem gleichen Werkzeug bearbeiten konnte, während die englischen und deutschen Werkstätten auf der Maschine nur vorarbeiteten und von Hand fertigmachten. Die nächste Folge war der Bau von Schraubenmaschinen, Mehrspindelbohrmaschinen, Kopierfräsmaschinen usw., ferner von Sondergewehrmaschinen. Daß die Grundsätze des Austauschbaues in der Hauptsache auf die Waffenfabrikation beschränkt blieben, geht daraus hervor, daß, als die Unionsregierung zu Beginn des Bürgerkrieges (1861) gezwungen war, Privatfirmen zur Lieferung austauschbarer Gewehrteile heranzuziehen, nur wenige Werke hierzu in der Lage waren. Immerhin entstanden nach der Jahrhundertmitte Massenfabrikationen auf anderen Gebieten, für welche die Gewehrfabriken als größte überhaupt bestehende Metallbearbeitungsbetriebe als Vorbild dienen konnten. Im Jahre 1856 bauten Wheeler & Wilson (die im Jahre 1851 mit dem Bau von Nähmaschinen begonnen hatten) eine neue Fabrik, die durchweg für den Austauschbau mit Lehren eingerichtet wurde; ihre Nähmaschinenteile konnten ohne weiteres fertig nachbezogen werden. Andere amerikanische Metallfabriken folgten kurz darauf. Die austauschbare Uhrenfabrikation scheint noch älter zu sein; bereits im Jahre 1830 sollen große Messinguhren, 1848 die ersten Taschenuhren bei der damals gegründeten American Watch Co. in Waltham austauschbar hergestellt worden sein. Es folgten die Sloan & Chace Co. in Newark, die zuerst Uhren ganz maschinenmäßig hergestellt haben soll, und andere. (Übrigens waren die von den Uhrmachern benutzten Maschinen anscheinend die ersten, auf denen man die Werkzeuge austauschen konnte.) Im Textilmaschinenbau und im allgemeinen Maschinenbau wurde die Austauschbarkeit von Spindeln und anderen Rundteilen durch die Whitworthschen Kaliber- und Ringlehren in den 50er Jahren ermöglicht. Starke Hilfsmittel erhielt der Austauschbau durch die Brown & Sharpesche Universalrundschleifmaschine und die Mikrometer der gleichen Firma. Jetzt waren die Mittel so vollkommen, daß sie auch dort angewandt wurden, wo der Hauptwert auf reihenweise Herstellung gelegt wurde, und die Austauschbarkeit keine Grundbedingung sondern nur Begleiterscheinung war. Recht lange ließ die Austauschbarkeit der Gewinde auf sich warten. Feinere

Schrauben waren zwar schon durch Maudslay austauschbar geworden, während vorher jede Schraube mit der dazugehörigen Mutter gekennzeichnet werden mußte. Für gröbere Schrauben blieb diese Notwendigkeit aber noch lange bestehen, und auch die Whitworthschen Gewindekaliber und Lehrmuttern änderten daran nicht viel. Erst mit der Bekanntgabe des ersten Pratt & Whitneyschen Gewindelehrensatzes auf der Ausstellung in Philadelphia begann es hiermit in Amerika und nachher in Europa besser zu werden.

IV. Die Wechselbeziehungen zwischen dem englischen, amerikanischen und deutschen Werkzeugmaschinenbau.

Eine Betrachtung der gegenseitigen Wechselbeziehungen kann auf die drei wichtigsten, Werkzeugmaschinen bauenden, Länder beschränkt werden: England, Amerika und Deutschland; die (im 18. Jahrhundert bedeutenden, im 19. Jahrhundert unwichtigen) von Frankreich kommenden Anregungen, die durch die dort frühzeitig entwickelte technische Literatur bekanntgegeben wurden, sind schon oben gekennzeichnet worden. Daß England mit seinen Werkzeugmaschinen wie mit seinen Primärmaschinen der Lehrmeister der alten und neuen Welt wurde, ist angesichts des gewaltigen Vorsprunges seiner industriellen Entwicklung selbstverständlich. Durch das im Jahre 1785 erlassene englische Auswanderungsverbot für Mechaniker und Arbeiter der Eisenindustrie und das Ausfuhrverbot von Maschinen, Werkzeugen sowie Teilen, Modellen und Zeichnungen wurden die anderen Länder aber frühzeitig gezwungen, eigene Maschinenindustrieen zu schaffen. Trotz des Verbotes gelangten sowohl Maschinen als Fachleute nach Deutschland und den anderen europäischen Ländern. In Amerika wurde auch nach dem Unabhängigkeitskrieg die Einfuhr englischer Maschinen von England aus kräftig betrieben, sie ging zwar durch die erhöhten Schutzzölle bald zurück, lieferte aber zum mindesten die Modellmaschinen. Erst in den 50er Jahren wandte sich der leichte amerikanische Werkzeugmaschinenbau fast gänzlich von seinen englischen Vorbildern ab, und nur die Sellerssche, im Jahre 1848 gegründete, Fabrik blieb dem Whitworth-Stil äußerlich treu. Amerikanische Einflüsse in England liegen während der Frühzeit insofern vor, als Brunel Anregungen zu seiner Massenfabrikation von Flaschenzugblöcken möglicherweise in Amerika empfing, wo er sich über 5 Jahre (bis 1799) aufhielt und unter anderem eine Fabrik zum Gießen und Bohren von Geschützen baute.

In Deutschland betrieb der preußische „Verein zur Beförderung des Gewerbefleißes", der im Jahre 1820 von Beuth gegründet wurde, eine starke Propaganda für englische Werkzeugmaschinen, deren Einfuhr allerdings zunächst wegen der englischen Ausfuhrverbote mit großen Schwierigkeiten verbunden war. Die Verhandlungsberichte des Vereins und das vom Jahre 1820 ab erscheinende „Dinglers Polytechnische Journal" ließen es sich angelegen sein, ihre Leser über die Fortschritte der englischen Bearbeitungstechnik zu unterrichten. Einen wichtigen Anteil an der Verbreitung englischer Konstruktionsideen hatten die vom Jahre 1617 ab erscheinenden Patentschriften; ähnlich wirkten die amerikanischen. (Patentgesetz vom Jahre 1790.) Im zweiten Viertel des Jahrhunderts entfaltete sich die englische und deutsche technische Literatur, vom Jahre 1851 ab begann die Reihe der Weltausstellungen und damit ein großzügiger technischer Gedankenaustausch. Von den englischen Maschinen dürfte wohl jede Bauart nach Deutschland gelangt sein; von Werkzeugen wurden besonders Bodmersche und Whitworthsche Gewindeschneidwerkzeuge beliebt. Whitworths Gewindesystem wurde anfangs der 40er Jahre in Deutschland vielfach eingeführt, seine Normallehren waren Ende der 60er Jahre noch selten anzutreffen und kamen erst Anfang der 70er Jahre mehr in Gebrauch, das heißt fast gleichzeitig mit der sie bald überflügelnden amerikanischen Konkurrenz. Das Whitworthsche Schaben wurde (wie schon erwähnt) um 1870 in den besten deutschen und amerikanischen Betrieben eingeführt.

Auf der ersten Londoner Ausstellung von 1851 zeigten die Amerikaner Robbins & Lawrence einen Satz austauschbarer Gewehre und veranlaßten damit eine im Jahre 1853 unternommene Studienreise einer englischen Regierungskommission (der auch Whitworth angehörte). Die Folge dieser Reise war die erste große Lieferung amerikanischer Werkzeugmaschinen nach Europa im Jahre 1855; der wichtigste Teil der Einrichtung der mit der Herstellung eines neuen Gewehres betrauten Gewehrfabrik in Enfield wurde von amerikanischen Fabriken (Robbins

& Lawrence, Ames Manufacturing Co. u. a.) bezogen. Die Fabrik wurde von amerikanischen Fachleuten geleitet und bildete die erste europäische Gewehrfabrik, die austauschbar arbeitete. Auch das Mitte der 50er Jahre in England mit amerikanischen Maschinen errichtete Zweigwerk der Coltschen Revolverfabrik übte einen starken Einfluß auf die Amerikanisierung des europäischen Werkzeugmaschinenbaus aus; in dieser Fabrik wurde mit weitgehender Arbeitsteilung und austauschbar fabriziert. Auf der zweiten Londoner Weltausstellung vom Jahre 1862 konnte sich zum ersten Male der noch im englischen Fahrwasser segelnde deutsche und der selbständig gewordene amerikanische Werkzeugmaschinenbau sehen lassen; gleichzeitig wurde die Arbeitsweise der Enfield-Fabrik weitesten Kreisen bekannt gemacht. Die Pariser Weltausstellung vom Jahre 1867 brachte mit der amerikanischen Universalfräsmaschine und Revolverdrehbank die stärksten Bahnbrecher für die Amerikanisierung des deutschen Werkzeugmaschinenbaus. England war geschlagen, auch seine in den 50er und 60er Jahren gegründeten großen technischen Zeitschriften konnten seiner Metallbearbeitungstechnik nicht mehr aufhelfen. In den 60er und 70er Jahren führten fast alle europäischen Staaten den „amerikanischen" Austauschbau ein, unter gleichzeitiger Beschaffung amerikanischer Fräs- und Schmiedemaschinen mit Gesenken, Sondermaschinen für Gewehrfertigung und Lehren (auch Grenzlehren). Deutschland bestellte im Jahre 1872, als das Zündnadelgewehr durch das Modell 71 ersetzt werden sollte, auf Grund einer Kommissionsstudienreise nach Amerika vollständige Fabrikationseinrichtungen zur maschinenfertigen Gewehrfertigung für die Fabriken in Spandau, Erfurt und Danzig; die meisten Arbeiten erfolgten damals noch von Hand, die Gesenkschmiederei war in Deutschland noch so gut wie unbekannt. Gleichzeitig sah der von 1870 ab in größerem Maßstabe aufgenommene Nähmaschinenbau ein, daß eine erfolgreiche Konkurrenz mit der amerikanischen Einfuhr nur mit amerikanischen Maschinen (besonders Fräsmaschinen) und amerikanischen Arbeitsmethoden (Arbeitsteilung, Massenfertigung, maschinenfertige Arbeit, Austauschbau) möglich war. Amerikanische Gebrauchsmaschinen, besonders Nähmaschinen, waren längst in Deutschland heimisch, jetzt folgten die Werkzeugmaschinen, und gleichzeitig mit ihrer Einfuhr begann man sie nachzubauen. Das Verdienst, den deutschen Werkzeugmaschinenbau nachdrücklich auf das amerikanische Vorbild hingewiesen und ihn dadurch von seinem erstarrten englischen Lehrmeister befreit zu haben, gebührt den Firmen Ludw. Loewe & Co., Frister & Roßmann und anderen. Die Ausstellung in Philadelphia veranlaßte viele deutsche Techniker zu amerikanischen Studienreisen. Die wichtigsten amerikanischen Werkstatthilfsmittel, die Vorrichtungen und Sonderlehren, verbreiteten sich langsamer als die Maschinen, da sie nicht auf dem Markt zu haben waren und nur im Rahmen großer Gesamteinrichtungen bezogen werden konnten. Auch Spiralbohrer und Schneideisen drangen erst im letzten Jahrzehnt des Jahrhunderts in die kleinen und mittleren Werkstätten ein. In den 70er, 80er und 90er Jahren machten neu entstandene amerikanische Fachzeitschriften, die ausgezeichnete Werkstättenliteratur von Brown & Sharpe, Sellers und Anderen, sowie die deutschen und österreichischen ausführlichen Beschreibungen der amerikanischen Beteiligung an den Weltausstellungen die Einzelheiten der amerikanischen Konstruktionen allgemein bekannt. Auch Reuleaux hielt der deutschen Industrie wiederholt die Fortschritte der Amerikaner vor.

Der englische Werkzeugmaschinenbau zeigte nur ganz wenige Spuren amerikanischen Einflusses (so bauten Shanks & Co. in London 1862 amerikanische Säulenbohrmaschinen). Spannfutter wurden in England seit Mitte der 60er Jahre in größerem Umfange eingeführt. Dann folgten Morse-Spiralbohrer und Meßwerkzeuge, sowie einige wenige erstklassige, besonders Brown & Sharpesche Maschinen. Erst vom Anfang der 90er Jahre ab interessierte sich die englische Industrie unter dem Einfluß der Fahrradfertigung, für die nur Amerika automatisch arbeitende Spezialmaschinen anzubieten hatte, in stärkerem Maße für amerikanische Metallbearbeitungsmaschinen.

Für den deutschen Werkzeugmaschinenbau waren die vom Jahre 1877 ab herausgegebenen Patentschriften fast die einzige druckschriftliche Propaganda; in den Zeitschriften nahm er nicht die ihm zukommende Stelle ein, nennenswerte Fachblätter bestanden nicht. Auf der Weltausstellung in Chicago 1893 konnte er zum erstenmal mit Originalmaschinen in offene Konkurrenz mit dem amerikanischen Lehrmeister treten, wozu vor allem die Reineckerschen Fabrikate beitrugen. Trotz der starken amerikanischen Einfuhr der 90er Jahre schritt diese Emanzipation weiter fort und trat auf der Pariser Weltausstellung vom Jahre 1900 in noch stärkerem Maße hervor. Die beste und selbständigste Zeit des deutschen Werkzeugmaschinenbaues beginnt erst mit dem Jahre 1900. Deutsche Einwirkungen auf das amerikanische Fachgebiet zeigten sich vereinzelt im letzten Jahrzehnt des Jahrhunderts: die Pfauter sche Zahnräder-Abwälzmaschine löste den Bau ähnlicher amerikanischer Maschinen aus, und das Grundprinzip der Reinecker schen Universal-Werkzeugschleifmaschine wurde (unter Lizenzzahlung) von der Cincinnati Milling Machine Co. übernommen.

V. Ausblicke.

Es ergibt sich somit das Bild, daß die dreistufige Entwicklung: neuzeitlicher Kapitalismus — Primärmaschinen — Metallbearbeitungstechnik in Abständen von etwa je einer Generation zuerst den englischen, dann den amerikanischen und zuletzt den deutschen Werkzeugmaschinenbau hervorrief.

Der englische bot zum ersten Male die Möglichkeit, metallene Maschinenteile genau und maschinell zu bearbeiten. Er stand fast völlig unter dem Einfluß großer Persönlichkeiten und verfiel, als es an diesen mangelte, und die wirtschaftliche Vormachtstellung Englands so unbestritten war, daß der Absatz englischer Maschinen auch ohne weitergehende Erfüllung der 7 Ansprüche gesichert schien. Die Lohnfrage hat bei der englischen Entwicklung nur in sehr schwachem Maße mitgesprochen, da der englische Arbeiter bis in die 1840er Jahre billig war (nach Schmoller war die Lage der unteren Hälfte der englischen Arbeiterschaft schlechter als irgendwo auf dem Kontinent).

Als Amerika auf den Plan trat, lagen die meisten modernen Ideen der Metallbearbeitung und die wichtigsten Maschinen schon vor. Die heute vielfach verbreitete Ansicht, daß alle guten Konstruktionen dieses Zweiges den Amerikanern zu verdanken seien, trifft durchaus nicht zu; für die meisten Werkzeugmaschinen ist Amerika nicht die Heimat, sondern das Versuchsfeld gewesen wo die von Europa gelieferten Maschinen und Konstruktionsgedanken am besten ausprobiert werden konnten. Dabei wurde das Wesentliche beibehalten und gründlich verbessert, Gutes hinzugefügt und Unwesentliches ausgeschaltet. Die Konkurrenz frage sprach bei der amerikanischen Entwicklung nur im Hinblick auf die englische Inlandskonkurrenz mit; die Ausfuhr übernahm nachher die bereits fertig durchgebildeten Modelle. Die Gründe für die eigenartige Entwicklung der amerikanischen Industrie und des Werkzeugmaschinenbaues im besonderen sind teils negativer, teils positiver Art. Als negative Faktoren wirkten die hohen Löhne und der Mangel an gelernten Arbeitern einerseits, der Zwang zur Massenerzeugung von Metallgegenständen ohne das Vorhandensein ausreichender Hilfsmittel andererseits. (Hier wie überall ist also eine Not, ein Zwang, die Lehrmeisterin gewesen.) Da nun gerade das Ausmaß der Verringerung menschlicher Arbeit — in Gestalt von hoher Spanleistung, großer Genauigkeit, weitgehender Verkürzung der Leerzeiten und leichter Bedienungsmöglichkeit — ein direkter Wertmesser der Werkzeuge und Werkzeugmaschinen ist, so ergab sich die Hochwertigkeit der amerikanischen Werkzeuge und Werkzeugmaschinen ganz von selbst. Sie stehen (mit wenigen Ausnahmen) damit im Gegensatz zu vielen anderen amerikanischen Fabrikaten, die nur massenhaft und billig, aber nicht in erster Qualität erzeugt wurden. (Die Billigkeit wiesen erst die mit den hochwertigen Werkzeugmaschinen wirtschaftlich hergestellten Gegenstände auf.) Es sprachen hierbei fördernd die oben als positive Faktoren gekennzeichneten Umstände mit, Umstände geographischer, politischer, persönlicher, bodennatürlicher und wirtschaftlicher Art, die aber für sich allein, ohne die vorerwähnten Zwangsverhältnisse, niemals die Entwicklung dieses Industriezweiges hätten hervorbringen können.

Über dem deutschen Werkzeugmaschinenbau waltete ein ganz besonderes Unglück: Vor der Einigung des Reiches fehlte es an Initiative und Geld, um eine nennenswerte deutsche Primärmaschinenindustrie zu schaffen, und die englischen Maschinen waren, wenn auch nicht billig, so doch bequem zu haben. Als man so weit war, daß man mit den Engländern in erfolgreichen Wettbewerb treten konnte, kam der Bedarf an kleinen Geräten (Gewehre, Nähmaschinen), für dessen Befriedigung die amerikanischen Maschinen überlegen waren. Für die Neubewaffnung der deutschen Armee im Jahre 1872 konnte man fertige Maschinen aus Amerika einführen. Das war für die deutsche Armee ein Vorteil, für die damaligen deutschen Werkzeugmaschinenfabriken ein großer

Nachteil. Als nach der Reichsgründung die Unternehmungslust erwachte, und kurz nach Mitte der siebziger Jahre das längst notwendig gewordene Patentgesetz geschaffen wurde, kam die Krise, und das Erwerbsleben lag völlig darnieder. Als es wieder erwachte, hatte sich Amerika mittlerweile fest eingenistet. Bis in das letzte Jahrzehnt dauert dann der Kampf um die Erreichung des amerikanischen Vorbildes und die Durchsetzung eigener Schöpfungen an mit dem Erfolg, daß, während der deutsche Werkzeugmaschinenbau (ebenso wie der französische) bis zur Jahrhundertmitte um 1 bis 2 Generationen hinter dem englischen zurückblieb, er um 1900 den englischen und französischen um etwa eine Generation überholt hat. Zeigen sich somit im letzten Jahrzehnt des Jahrhunderts Ansätze zu selbständigen Wegen, wurde auch die Ausführung der besten deutschen Maschinen unbestritten erstklassig, so darf man sich doch nicht verhehlen, daß das 19. Jahrhundert für die deutsche Metallbearbeitungstechnik in konstruktiver Hinsicht im Zeichen der Nachahmung stand. Das ist oft als Vorwurf ausgeschlachtet worden, findet aber in der Hauptsache eine wirtschaftliche Erklärung, da im Wirtschaftsleben der Ehrgeiz nach Originalität zurücktreten muß vor der Rentabilität, und die deutsche Wirtschaft zu arm war, um sich kostspielige und zweifelhafte Experimente leisten zu können. Erschwerend kam hinzu, daß auch die anderen fördernden, positiven Faktoren Amerikas in Deutschland fehlten. So mußte man das Gute nehmen, wo es zu finden war. Wenn der deutsche Maschinenbau die von Anderen bereits gemachten Erfahrungen nicht noch einmal machen wollte, so war dies sein gutes Recht. In der Technik beginnt der Diebstahl erst beim Patentraub. Wenn die englische Maschine als Muster benutzt wurde, so tat man das, was alle Welt und auch die Amerikaner während der ersten Jahrzehnte des 19. Jahrhunderts mit der gleichen Unbekümmertheit taten; wenn man später amerikanische Konstruktionen kopierte, so tat man das gleiche, was die Amerikaner unter sich bis auf den heutigen Tag nicht minder zu tun pflegten. Daß die Engländer aus Stolz, konservativer Gesinnung und infolge von Hemmungen seitens der Arbeiterverbände das was ihnen ihre Schüler boten, nicht benutzten, war ein Fehler den sie später — hier wie auf anderen Gebieten — schwer bezahlen mußten. Wenn die Amerikaner behaupten, daß sie den Deutschen an sich konstruktiv überlegen seien, so müssen si den Beweis dahingehend führen, daß die Deutschen unter den gleichen politischen, wirtschaftlichen, sozialen und geographischen Verhältnissen Schlechteres hervorgebracht hätten. Dieser Beweis dürfte schwerlich zu führen sein. Das Erfindungstalent ist dem Deutschen wirklich nicht abzusprechen. Es ist kaum erforderlich, auf die Erfindungen des deutschen Mittelalters (Uhren, Schießpulver, Buchdruckkunst usw.), auf die Erfolge des deutschen Bergbaues und Dampfmaschinenbaues, der Chemie, der Optik und der Elektrotechnik hinzuweisen. So sind auch der schwere Werkzeugmaschinenbau (für den Amerika nicht viel zu bieten hatte) und die Blechbearbeitung (unter der Förderung einiger führender Werke), neuerdings auch die auf der Verbindung von Feinmechanik und Optik beruhenden Meßwerkzeuge in Deutschland selbständig. Der deutsche Kleinwerkzeugmaschinen-Konstrukteur stand aber nicht so wie der amerikanische unter dem Druck der Not. Facharbeiter waren reichlich vorhanden, die Löhne waren niedrig, der Triebsporn der amerikanischen Leutenot und hohen Löhne fehlte. Infolgedessen blieb das blitzartige Erfassen des für die verschiedenen industriellen Bedürfnisse Notwendigen, das eifrige Aufspüren neuer Ideen, ehe sie bereits ein Anderer in die Praxis umgesetzt hatte, ungeweckt, die Möglichkeit bequemen Nachbauens guter Vorbilder ließ den Erfindungsgeist erschlaffen. Dabei ist die Gesamtausbringung der deutschen Werkzeugmaschinenindustrie den vorliegenden Unterlagen nach größer als die der amerikanischen.

Die Einführung des Schnellstahls im Jahre 1900 schuf zunächst eine günstige Konjunktur für die schwere englische und deutsch-englische Werkzeugmaschine, sie kam ferner der deutschen Vorliebe für gründliche Durchkonstruktion entgegen, die schon früher dazu beigetragen hatte, daß die deutsche schwere Werkzeugmaschine selbständig wurde. Die Metallbearbeitung wurde in Deutschland hochschulfähig, es setzte eine wissenschaftliche Durchforschung fertigungstechnischer und organisatorischer Probleme ein (den Anstoß zur wissenschaftlich beeinflußten Betriebsführung gaben wieder, dem Lohndrucke folgend, die Amerikaner) es entstanden gute Fachzeitschriften, die nicht immer so aus der Praxis schöpfen und nicht so umfangreich wie die amerikanischen sind, aber doch an werkstattstechnischem Wert gleich hinter, an methodisch-wissenschaftlichem Inhalt über diesen stehen; die im

Zusammenhang mit ihnen erscheinenden Versuchs- und Forschungsberichte und die Buchliteratur finden in Amerika und England nicht ihresgleichen. Die besten deutschen Maschinen der meisten Arten traten den besten amerikanischen hinsichtlich Konstruktion und Ausführung ebenbürtig an die Seite (die Belege dafür gehören, soweit sie in die Zeit nach 1900 fallen, nicht in den Rahmen der vorliegenden Arbeit) — von einer Überlegenheit kann aber nur ganz vereinzelt die Rede sein.

Mittlerweile sind die Verhältnisse für den deutschen Konstrukteur wieder schwieriger geworden. Die amerikanische Maschine hat die ihr fehlende Schwere nachgeholt und ist zur Ausnutzung des Schnellstahles voll befähigt. Während des Weltkrieges wurden wesentliche Neuerungen entwickelt (vollselbständige Einspannung der Werkstücke durch Druckluft, Steuerung der Werkzeugbewegungen durch Druckwasser, neuartige Fräsmaschinen, rasch laufende Bohrmaschinen, Sondermaschinen usw.), und es erscheint völlig ausgeschlossen, daß der vorwärtsstrebende amerikanische Erfindungsgeist sich in absehbarer Zeit erschöpfe. Dazu zeigt auch der englische Werkzeugmaschinenbau seit etwa 10 Jahren eine erhöhte Regsamkeit, auf welche die angestrengte Metallbearbeitung der Kriegsjahre noch steigernd eingewirkt hat, und die zu beachten ist, auch wenn sie nicht erwarten läßt, daß sie eine neue Führung der Engländer einleitet. Der deutsche Werkzeugmaschinenbau steht somit einem vervielfachten Wettbewerb gegenüber; dazu kommen die hohen Löhne, die für den Eigenbedarf zu leistungsfähigeren Maschinen, und die Rohstoffbeschränkungen, die für die Ausfuhr zu Qualitätserzeugnissen zwingen, wenn auch im Ausland die Löhne und Materialpreise gleichfalls stark gestiegen sind. Die treibende Not ist da wie nie vorher; sie erfordert verbesserte Konstruktionen und gesteigerte Betriebstechnik.

Das bequemste Konstruktionshilfsmittel, das Kopieren amerikanischer Modelle, darf in Zukunft nicht mehr in dem Maße benutzt werden wie vielfach noch im Klein- und Mittelmaschinenbau üblich; der augenblickliche Vorteil der Ersparnis an hochwertigen Konstrukteuren, Versuchen und Fehlschlägen muß vor dem Bewußtsein, daß die deutsche Industrie ihren Ruf in der Welt neu schaffen muß, zurücktreten. Hierzu ist vor allem notwendig, daß ein engerer Anschluß an die Verbraucherbedürfnisse hergestellt wird (natürlich braucht hierdurch die dringend nötige Typung und Vereinfachung der Maschinen keineswegs behindert zu werden). Der Werkzeugmaschinenbau muß aus dem Diener der Metallindustrie ihr Berater werden. Maudslay und Whitworth bauten außer ihren Bearbeitungsmaschinen erstklassige Primärmaschinen und kannten die Bedürfnisse ihrer Herstellung. Pratt, Brown und die anderen Amerikaner kamen aus der Massenfertigung von Gewehren, Uhren, Nähmaschinen usw. Heute glaubt man sich vielfach damit begnügen zu dürfen, daß die Werkzeugmaschinen gleichzeitig Objekt der Fabrikation und Subjekt des eigenen Betriebes sind. Das genügt aber nicht. Wir erleben den Nachteil der Spezialisierung: das Einzelgebiet ist so verwickelt geworden, daß es eine durchschnittliche Arbeitskraft voll absorbiert. Das Gesichtsfeld ist vertieft, aber gleichzeitig verengt worden. Der deutsche Werkzeugmaschinenbauer wird in der Hauptsache durch seinen — nicht immer sachkundigen — Vertreter mit den Bedürfnissen der verbrauchenden Industrieen bekannt gemacht und ist meist erst dann für Neuerungen zu haben, wenn ihm der Amerikaner zu wiederholten Malen das Geschäft verdorben hat. Es mag das zum Teil im Wesen des deutschen Fabrikanten begründet liegen, das — vielleicht eine Folge der Schwierigkeiten, unter denen das deutsche Erwerbsleben groß geworden ist — mehr konservativtüchtig als genial-wagemutig ist. Zum größeren Teil aber liegt es in der besonderen Entwicklungsgeschichte des Werkzeugmaschinenbaues begründet. Um diesen Mangel zu beheben, die Initiative zu wecken und gleichzeitig den Weg zu Qualitätsarbeit zu öffnen, brauchen wir — außer organisatorischen Maßnahmen, zu denen beispielsweise die Loslösung des Konstruktionswesens von der völligen Bevormundung durch die Betriebsleitung gehört — eine Vertiefung der geistigen Mittel.

Auf allen Gebieten, die durch das Schul- und Bildungswesen gefördert wurden, kam die deutsche Industrie auf selbständigen Wegen voran; in der Bearbeitungstechnik hielt der wissenschaftliche Schulbetrieb bis zur Jahrhundertwende nicht Schritt. Die Technologie und die praktische Maschinenlehre (die als Wissenschaft deutschen Ursprungs ist) begannen verheißungsvoll, aber erstere umfaßte ein zu großes Gebiet, als daß sie das einzelne Fach hätte befruchten können, und blieb rein beschreibend, letztere versandete durch Redtenbacher in öder Berechnung und durch Reuleaux in einseitig-logischer Systematik. Ein großer Teil der lebenden Generation der Werkstattfachleute hat seine Abneigung gegen diese unfruchtbare Theoretisierung noch nicht verloren; diese gießen aber das Kind mit dem Bade aus, lehnen wissenschaftliche Betrachtung ab und übersehen, daß jede korrekte, die letzten Konsequenzen auswertende, alle Zusammenhänge beachtende, das Unwichtige vom Wesentlichen scheidende Arbeitsweise „wissenschaftlich" ist. Die altmodische Auffassung, daß die Erfahrungen der Werkstatt restlos durch mündliche Tradition und durch eigenes Erlebnis von einer Generation auf die andere übertragen werden können, und daß zu ihrer Ergänzung ein Minimum an Schulung genüge, herrscht noch vielfach vor. Die Ausbildung des Betriebsmannes liegt durchweg in den Händen der Firmen, das heißt, sie wird zum guten Teil von willkürlichen Faktoren bestimmt und von Vertretern der im Nachbau groß gewordenen Generation betrieben. Der Persönlichkeitswert und der betriebstechnische Instinkt treten oft in der Wertung zurück gegen die der Länge des Werkstättenaufenthaltes. Auf wenigen anderen Gebieten der Technik wird ein so geringer Wert auf Schulung gelegt wie im Werkzeugmaschinenbau. Der deutsche Praktiker weist vielfach nur eine große Anhäufung praktischer Details auf; der geniale Kopf kann sie verwerten, der Durchschnitt nur wiedergeben. Hierin liegt die Gefahr, daß wir von dem geistlosen Nachbauen ausländischer Modelle nicht loskommen. Hier muß die Erneuerung einsetzen.

Der Einfluß des reinen Werkstattmannes auf die Entwicklung des Fachgebietes geht um so mehr zurück, je mehr die Einflüsse der technischen Grenzgebiete, die verwickelten Wechselbeziehungen zwischen mechanischen und organischen Hilfsmitteln, die wissenschaftliche, d. h. logische und planmäßige Betriebsführung auch für die Werkzeugmaschinenkonstruktion und den Betrieb ganze Menschen, das heißt wirkliche Ingenieure statt Fachtechniker, Führer statt Verwalter des Überkommenen verlangt. Wenn es sich um das Auffinden neuer Wege und die Beachtung von Grenzgebieten handelt, weiß sich der einseitige Spezialist gewöhnlich nicht zu helfen. Als Beispiel diene, daß die Passungen und Toleranzen, die Materialfrage, die Frage der Normaltemperatur, die Untersuchung der Arbeitsverhältnisse der

Maschinen und Werkzeuge, die Probleme der Organisation, der Berufseignung und andere Dinge, in deren Erforschung wir zum Teil Wertvolleres geleistet haben, als die Amerikaner, nur von logisch geschulten Köpfen erfolgreich bearbeitet werden konnten.

Was not tut ist die kritische Ader, die allein zur Erkenntnis der Zusammenhänge der Kleinarbeit mit der gesamten Technik und Wirtschaft führt, und damit verbunden: das schöpferische Moment. Im ganzen also: stärkere Wertung und bessere Auswahl der Persönlichkeit einerseits, bessere Schulung andererseits. Der Werkzeugmaschinenbau der Zukunft muß die Stoffkunde, die Elektrotechnik, die Theorieen der Triebmittel (Riemen, Zahnräder, Kurven usw.) in sich einbeziehen. Wissenschaftliche Einzelheiten sind aber weniger nötig als sachlich korrektes Denken und damit gepaarte über den Dingen stehende Urteilskraft. Nicht was die Schule lehrt ist das Wesentlichste, sondern wie die Schulung den Blick schärft und die Logik ausbildet. Dem Genie ist dies alles angeboren, dem Durchschnitt muß es schulmäßig anerzogen werden. Mit der Ausnutzung des Durchschnittes haben wir aber in Zukunft zu rechnen. (Daß von dem einseitig wissenschaftlich Veranlagten und dem nur allgemeingeschäftsmäßig denkenden Nichttechniker keine Förderung des Fachgebietes erwartet werden kann, versteht sich von selber.)

Neben der Schulbildung steht gleichwichtig die literarische. Der Wert, den der Fachmann auf das Zeitschriftenstudium (nicht des Nachbauens sondern der Anregungen wegen) legt, ist noch viel zu gering. Die Fachpresse ist nicht aus dem Bedürfnis der Industrie nach einem Erfahrungsaustausch geschaffen worden, sondern sie wurde ihr von weitschauenden Wissenschaftlern dargeboten. Ein Symptom der manchen Stellen unserer Werkzeugmaschinenindustrie noch mangelnden Großzügigkeit ist die Schwierigkeit, mit der die deutschen Fachzeitschriften bei der Herbeischaffung des Stoffes und der Gewinnung von Mitarbeitern zu kämpfen hatten und vielfach noch zu kämpfen haben. Die meisten Firmen und Fachleute hüten ihre — häufig schon längst in ähnlicher Form veröffentlichten — Betriebseinrichtungen mit der echten Ängstlichkeit des kleinen Mannes, der den mühsam erworbenen Besitz dem Nachbar verbirgt — eine Folge der Inzucht und der mangelnden literarischen

Bildung. Der Amerikaner besitzt die große Geste des Verschwenders, er bringt interne Einzelheiten der Konstruktionen, der Betriebe und der Organisation in einem Umfang, der seine maßgebenden Zeitschriften zu Kompendien der Bearbeitungstechnik macht und eine großzügige Propaganda seiner Erzeugnisse bildet. Hier ist ein Weg, auf dem „amerikanisiert" werden sollte. Aber nicht das Äußere, sondern das Wesen, nicht die Einzelheit, sondern der Geist muß nachgeschaffen werden.

Die Reform der fachwissenschaftlichen Schulung und Forschung hat eingesetzt; sie steht noch am Anfang, aber sie wird weiterschreiten. Die junge Fachpresse wird die Schwierigkeiten, die sich der Erfüllung ihrer großen Aufgaben entgegenstellen, überwinden; die morgige Generation wird entschlußfreudiger und schöpferischer sein als die gestrige und ein großer Teil der heutigen. Aber die lebende Generation soll aus der geschichtlichen Entwicklung heraus erkennen, was nottut, und den Erneuerungsprozeß beschleunigen. Sie muß vor allem erkennen, worin die Nachahmungsperiode begründet lag, daß sie manche wertvolle Eigenschaft verdorben oder in ihrer Entwicklung gehemmt hat, daß es aber Mittel gibt, um völlig zu gesunden. Nur so kann der letzte Schritt, um den der amerikanische Wettbewerber gerade im Werkzeugmaschinenbau immer noch voraus ist, schon jetzt getan, und der eigene Weg begangen werden.

Benutzte Quellen.

Bücher.

Anschütz, Die Gewehrfabrik in Suhl 1811.
Altmütter, Beschreibung der Werkzeugsammlung des k. k. polytechnischen Institutes 1825.
Bianchini, Abhandlung über die Feuer- und Seitengewehre 1829.
Barlow, A treatise on the manufactures and machines of Great Britain 1836.
Hartmann, Enzyklopädisches Handbuch des Maschinen- und Fabrikenwesens 1838.
Buchanan, Practical Essays on Mill Work 1841.
Willis, Principles of Mechanism 1841.
Holtzapffel, Turning and Mechanical Manipulation 1843.
Karmarsch, Handbuch der mechanischen Technologie. 2. Auflage (1851) und folgende.
Wiebe, Handbuch der Maschinenkunde 1858.
— Skizzenbuch für den Ingenieur und Maschinenbauer 1859/70.
Watson, The modern practice of American Machinists and Engineers 1867.
Hart, Die Werkzeugmaschinen 1867.
Jouveaux, Henry Maudslay 1868.
Armengaud ainé, Atlas des machines-outils ca. 1870.
Karmarsch, Geschichte der Technologie 1872.
Hartig, Versuche über Leistung und Arbeitsverbrauch der Werkzeugmaschinen 1873.
Sellers, A Treatise on Machine Tools 1873.
Shelley, Workshop Appliances 1873.
Richards, The Economy of Workshop Manipulation 1876.
Goodeye and Shelley, The Whitworth Measuring Machine 1877.
Whitworth, Papers on Mechanical Subjects 1882.
Beck, Geschichte des Eisens 1899.
Beiträge zur Geschichte der Technik und Industrie.
(Jahrbücher des Vereines deutscher Ingenieure) 1909—1914
und andere.

Berichte über Ausstellungen.

Clark, The exhibited Machinery of 1862.
Armengaud, Le progrès de l'industrie à l'Exposition Universelle 1868.
Hoyer, Bericht über die Wiener Ausstellung 1873.

Hermann, Hartig usw., Maschinenwesen und Transportmittel. (Aus dem amtlichen Bericht über die Wiener Weltausstellung.) 1874.

Halle, v., Die Werkzeugmaschinen. Nach den Ergebnissen der Wiener Ausstellung 1874.

Wencelides, Hilfsmaschinen und Werkzeuge für Eisen- und Metallbearbeitung. Bericht über die Weltausstellung Philadelphia 1876.

Pechan, Maschinen zur Bearbeitung der Metalle. Bericht über die Weltausstellung Paris 1878, 1879.

— Werkzeuge und Werkzeugmaschinen auf der Weltausstellung Chicago 1894.

Museen.

Kataloge des Victoria and Albert Museum, South Kensington.

Die Werkzeugmaschinensammlung des deutschen Museums in München.

Patentschriften.

Sämtliche deutschen; englische und amerikanische und alte preußische soweit erforderlich.

Zeitschriften.

Dinglers polytechnisches Journal 1820 u. folg.

Technik und Wirtschaft.

Verhandlungen des Vereins zur Beförderung des Gewerbefleißes 1822 u. folg.

Werkstattstechnik.

Zeitschrift des Vereines deutscher Ingenieure 1857 u. folg.

Zeitschrift für praktischen Maschinenbau.

Zeitschrift für Werkzeugmaschinen und Werkzeuge 1896/97 u. folg.

American Machinist 1877 u. folg.

Engineer, einige Bände.

Engineering 1867 u. folg.

Machinery 1902 u. folg.

Transactions of the American Society of Mechanical Engineers 1880 u. folg.

und andere.

Zeichnungen

der „Hütte" 1854/91 nebst Texten.

Kataloge.

Etwa 200 deutsche, amerikanische und englische Firmenkataloge der 70er, 80er und 90er Jahre.

Jubiläumsfestschriften, Monographieen und Geschäftsberichte.

Schriftwechsel

mit etwa 35 älteren deutschen Firmen sowie amerikanischen Behörden, Verbänden und Firmen.

Druck der Spamerschen Buchdruckerei in Leipzig.

GPSR Compliance

The European Union's (EU) General Product Safety Regulation (GPSR) is a set of rules that requires consumer products to be safe and our obligations to ensure this.

If you have any concerns about our products, you can contact us on ProductSafety@springernature.com

In case Publisher is established outside the EU, the EU authorized representative is:

Springer Nature Customer Service Center GmbH
Europaplatz 3
69115 Heidelberg, Germany

Batch number: 10682323

Printed by Printforce, the Netherlands